DEUTSCHER BOXER

von Kerstin Mielke

CADMOS

DEUTSCHER BOXER

Autorin und Verlag haben den Inhalt dieses Buches mit großer Sorgfalt und nach bestem Wissen und Gewissen zusammengestellt. Für eventuelle Schäden an Mensch und Tier, die als Folge von Handlungen und/oder gefassten Beschlüssen aufgrund der gegebenen Informationen entstehen, kann dennoch keine Haftung übernommen werden.

Impressum

Copyright © 2008 Cadmos Verlag GmbH, München
4. Auflage 2019

Gestaltung und Satz: Ravenstein R2, Verden
Coverfoto: Kerstin Mielke
Fotos im Innenteil: Kerstin Mielke, falls nicht anders angegeben
Lektorat: Maren Müller

Druck: Himmer GmbH Druckerei und Verlag, Augsburg, www.himmer.de

Deutsche Nationalbibliothek – CIP-Einheitsaufnahme
Die Deutsche Nationalbibliothek verzeichnet diese Publikation in der Deutschen Nationalbibliografie; detaillierte bibliografische Daten sind im Internet über http://dnb.ddb.de abrufbar.

Alle Rechte vorbehalten.

Abdruck oder Speicherung in elektronischen Medien nur nach vorheriger schriftlicher Genehmigung durch den Verlag.

Printed in Germany

ISBN 978-3-86127-757-6

INHALT

Von den Anfängen bis zur Gegenwart 8
Die Ahnen des Boxers 9
Vom Bullenbeißer zum heutigen Boxer 10
Die Münchner machen den entscheidenden Schritt 11
Der Weg zur gezielten Boxerzucht 13
Kupierverbot 13

Boxer-Steckbrief 15
Der heutige Rassestandard 16
Die Farben – ein vielfältiges Erscheinungsbild ... 20
Weiße Boxer 21
Maske und Abzeichen 22
Ein wenig Vererbungslehre 23
Der Boxer – ein Charakterkopf 25
Selbstständiger Denker oder sturer Hund? 26
Territorialverhalten 27

Sind Sie und Ihre Familie boxertauglich? 28
Grundvoraussetzungen für die Hundehaltung 29
Spezielle Voraussetzungen für die Boxerhaltung 29
Die Entscheidung ist gefallen – ein Boxer soll es sein! 30
Rüde oder Hündin? 31
Welpe oder älterer Hund? 32
Welpenkauf: die Züchter- und Welpenwahl 33
Ein älterer Hund ist besser geeignet – woher nehmen? 37
Boxer und Kinder 39

Vom kleinen Knautschgesicht zur großen Samtschnauze 40

Vorbereitungen für das
neue Familienmitglied............ 41
- Zu Hause........................ 41
- Im Zwinger?..................... 42

Die Abholung und erste Tage
im neuen Heim 43

Grunderziehung – von Anfang an! ... 44
- Aus!............................ 44
- Allein bleiben 46
- Auto fahren 46
- Sozialisation 46

Der erwachsene Boxer 48

Boxer sind eine
Gebrauchshunderasse 49

Der Boxer als Diensthund 49

Vielseitigkeitssport für
Gebrauchshunde 50

Andere Hundesportarten 53

Beschäftigung zu Hause
und unterwegs 53
- Fahrrad fahren.................. 53
- Schwimmen 53
- Spazieren gehen 54
- Sozialkontakte mit anderen Hunden.... 55
- Futterspiele 56
- Kopfarbeit..................... 56

Bei jedem Wetter aktiv? 58

Ausstellungen 59

Haltung von mehreren Hunden 61

Der ältere Boxer 62

Inhalt

Pflege, Ernährung und Gesundheit 64

Pflege muss regelmäßig sein 65
Fellpflege 65
Ohren 65
Pfoten 65
Maulhygiene 66
Baden 66
Schutz vor Krankheiten und Ungeziefer 66

Die Ernährung – Fundament der Gesundheit 67
Frischfutter 67
Fertigfutter 68
Unterschiede in der Ernährung von jungen und alten Boxern 68
Vorsicht, Magendrehung! 70

Die Gesundheit – Fundament des Wesens 70
Augen 70
Haut und Haare 71
Epuliden 72
Herz 72
Knochen und Gelenke 73
Kryptorchismus 73
Kastration? 74
Fakten zur Gesundheit 74

Anhang 76
Adressen 76
Zum Weiterlesen 76
Autorin 77

Register 79

Von den Anfängen bis zur Gegenwart

Der Boxer ist eine alte Hunderasse mit modernem Exterieur. Erste Aufzeichnungen über diese Hunde stammen bereits aus dem Mittelalter. Nach früheren Karrieren als Jagdhund, Metzgerhund und Dienst- und Gebrauchshund ist der Boxer heutzutage vorwiegend als alltagstauglicher Familienhund gefragt. Sein stattliches Erscheinungsbild und der unverwechselbare Kopf, gepaart mit seinem temperamentvollen und doch ausgeglichenen Wesen, machen ihn so beliebt.

Die Ahnen des Boxers

Im Mittelalter war die Jagd auf wehrhaftes Wild ein adliges Privileg. An den Fürstenhöfen hielt man die unterschiedlichsten Hunderassen als Jagdgehilfen: Saufinder und Saupacker, Hetzhunde und Schweißhunde. Sie wurden für die damaligen Verhältnisse gut gepflegt und im weitesten Sinne auch schon gezielt gezüchtet. Das Aussehen war allerdings eher ein untergeordnetes Zuchtziel – was zählte, war die Leistung.

Die Urahnen der Boxer zählten zu den sogenannten Saupackern, die bei der Wildschweinjagd eingesetzt wurden. Ein Vertreter dieses Hundetypus ist der Brabanter oder Kleine Bullenbeißer, der als unmittelbarer Vorfahre des heutigen Boxers gilt. Diese Jagdhunde wurden etwa ab Beginn des 17. Jahrhunderts in Brabant, einer Landschaft in

Der Brabanter Bullenbeißer gilt als direkter Vorfahre des heutigen Boxers.
(Abbildung zur Verfügung gestellt von Constanze Störring)

Belgien, und im Norden Deutschlands und Polens gezüchtet. In einem Buch aus dem Jahre 1719 beschreibt der Oberforstmeister Hans von Flemming den Bullenbeißer als mittelgroßen, gelben, seltener gestromten Hund mit kurzem breitem Kopf und einer schwarzen Maske. Weitere Merkmale seien die kurze Nase und der vorstehende Unterkiefer. Diese spezielle Gebissform brachte den Hunden bei der Jagd einen entscheidenden Vorteil. Ihre Aufgabe war es nämlich, wie der Name „Saupacker" vermuten lässt, das Wild, vor allem Wildschweine, zu „packen", also festzuhalten. Durch die zurückgesetzte Nase konnten sie beim Festhalten weiteratmen und mussten nicht etwa wegen mangelnder Luftzufuhr loslassen.

Anfang des 19. Jahrhunderts wurden als Folge der Französischen Revolution die Fürstenhöfe auch in Deutschland abgeschafft, was das Ende der herrschaftlichen Jagd und damit zugleich das Ende der Jagdhundezucht bedeutete. Dieser gesellschaftliche Wandel veränderte auch die Aufgaben des Kleinen Bullenbeißers. Fortan dienten diese Hunde den „kleinen Leuten" als Wach- und Schutzhunde oder mussten zur Volksbelustigung in einer Art Stierkampf, dem sogenannten Bullenbeißen, gegen einen Bullen antreten.

Nachdem diese Stierkämpfe 1835 verboten worden waren, konnte sich der Bullenbeißer als „Metzgerhund", der beim Treiben und Festhalten von Schlachtvieh half, als nützlich erweisen. Das sicherte letztlich zwar das Überleben der Rasse, eine planmäßige Zucht erfolgte zu dieser Zeit allerdings nicht mehr. Die Bullenbeißer vermischten sich wahllos mit diversen anderen Hunderassen, vor allem mit der gerade in Mode gekommenen Englischen Bulldogge, wodurch der Typ des Kleinen Bullenbeißers gegen Ende des 19. Jahrhunderts sehr uneinheitlich war. Viele Hunde hatten das schwere Gebäude und den kürzeren massigen Kopf sowie die weiße Farbe der Bulldogge geerbt. Auch die Benennung dieser Hunde war sehr unterschiedlich – in manchen Gegenden Deutschlands nannte man sie weiterhin Bullenbeißer, in anderen waren sie beispielsweise nur als Bulldoggen bekannt.

Vom Bullenbeißer zum heutigen Boxer

Der Name Boxer oder genauer gesagt „Boxdogge" war erstmals in einer 1866 veröffentlichten Abhandlung der Kaiserlichen Akademie Wien zu lesen. Im Jahre 1886 beschrieb der deutsche Zoologe Alfred Brehm Hunde dieser „Rasse" in seinem bekannten Buch Brehms Tierleben schon genauer. Dort unterteilte er die Doggen in fünf Schläge, wobei er den fünften als Bulldogge oder Boxer bezeichnete und wie folgt charakterisierte: „Diese großen und kräftig gebauten Hunde, die zunächst oft etwas plump wirken, sind an der dicken und vorn geraden, abgestutzten Schnauze kenntlich. Sprichwörtlich sind diese Tiere einerseits durch ihre Treue, andererseits durch ihr kraftbewusstes und selbstständiges Handeln."

Einige Jahre später erwähnt auch der Jagd- und Tiermaler Ludwig Beckmann die „Boxer" in seinem Buch über Hunderassen. Laut Ludwig

Beckmann sind diese Hunde groß und wohlgestaltet, rasch beweglich und energisch. Sie hätten ockergelbes Fell und eine schwarze Nase, selten seien sie gestromt. Den Charakter beurteilt er als zuverlässig. Beckmann äußerte zudem den Wunsch, dass sich bald ein Verein finden möge, der diese Hunde reinrassig züchtet. Damit war er nicht allein, denn auch der Tiermaler und Kynologe Richard Strebel schrieb 1894 in der Zeitschrift „Hundesport und Jagd": „An der Zeit wäre es, sich einmal des Boxers anzunehmen, wenn auch naturgemäß der Anfang, wie bei allen Dingen, sehr schwer ist …"

Wer den Begriff „Boxer" hört, wird damit meist die menschlichen Faustkämpfer assoziieren. Nur Hundefreunden kommt sofort der Vierbeiner in den Sinn. Woher der Name kommt, ist nicht eindeutig geklärt. Wie immer gibt es die verschiedensten Erläuterungen dafür, von denen mir persönlich diese am besten gefällt: Boxdogge, oder kurz Boxer, nannte man diese Hunde, weil sie sich beim Rangeln oftmals auf die Hinterbeine stellen und mit den Vorderpfoten bearbeiten.

Die Münchner machen den entscheidenden Schritt

Ende des 19. Jahrhunderts gab es besonders in München und Umgebung zahlreiche Bullenbeißer beziehungsweise Boxer von unterschiedlichster Gestalt. Dort schlossen sich dann auch drei Männer zusammen, Friedrich Roberth, Elard König und Rudolf Höppner, die es sich zum Ziel gesetzt hatten, aus dem Boxer eine Hunderasse mit einheitlichem Aussehen und verfestigten Wesensmerkmalen zu machen. Die drei gingen mit viel Enthusiasmus ans Werk und gründeten im Jahre 1895 den „Boxer-Klub", der München zur Wiege des modernen Boxers machte und bis heute die wichtigste Rolle in der Boxerzucht spielt.

Die erste Aufgabe des neu gegründeten Boxer-Klubs war es nun, die Grundlagen für die planmäßige Boxerzucht zu schaffen. Zu diesem Zweck wurde 1896 der erste Rassestandard formuliert, der vor allem einen eleganten, temperamentvollen Hund verlangte. Dieser Standard ließ schon viel Weitblick erkennen, denn die zur Zucht infrage kommenden Hunde weckten auf den ersten Blick kaum Hoffnung, dass sich mit ihnen die formulierten Ziele verwirklichen lassen würden.

Am 29. März 1896 führte der Klub die erste Boxer-Ausstellung durch. Wie viele Boxer daran teilnahmen, ist bis heute nicht ganz klar – je nach Quelle schwanken die Angaben zwischen 20 und 60 Boxern. Belegt ist aber, dass die Mehrzahl der ausgestellten Hunde eher dem schweren Bulldoggtyp entsprach. Einen Hund gab es allerdings, der in einigen Punkten bereits dem formulierten Idealbild nahekam und so als Vorbild diente – der gelbe Rüde Flock Sankt Salvator, der auch zu einem der Stammväter des heutigen Boxers wurde. Er und ein weiterer Rüde, Wotan, der einen typischen Kopf hatte, sowie zwei Hündinnen, die rotgelbe Hündin Mirzel und die gescheckte

Hündin Meta von der Passage, begründeten die Blutlinien fast aller moderner Boxer. Meta war sehr fruchtbar und brachte in Verbindung mit den beiden genannten Rüden eine sehr gute Nachzucht, was dazu beitrug, dass die planmäßige Boxerzucht bereits innerhalb von zehn Jahren als erfolgreich bezeichnet werden konnte.

Wer sich genauer mit der Boxerzucht beschäftigt, wird an einem Namen nicht vorbeikommen: Friederun Stockmann. Sie prägte mit ihrem weltbekannten Zwinger „vom Dom", der 1910 in das Vereinsregister des Boxer-Klubs eingetragen wurde, das Aussehen des Boxers ganz entscheidend. Der talentierten Bildhauerin gelang es, den Boxer gekonnt nach ihren ästhetischen Vorstellungen zu „modellieren".

Frau Stockmanns Leben ist untrennbar mit dem Leben ihrer Hunde verbunden. Selbst während der beiden Weltkriege schaffte sie es, unter größten Anstrengungen einige ihrer Hunde zu retten und ihre schon damals weltberühmte Zucht weiterzuführen. Neben ihren züchterischen Leistungen sind ihr auch viele Erkenntnisse über das Wesen und den Körperbau des Boxers zu verdanken, die sie der Nachwelt in Form von Zeichnungen und Schriften hinterlassen hat.

Aus Friederun Stockmanns Boxerzucht, die sie insgesamt 60 Jahre lang betrieb, gingen viele Championhunde hervor, und auch heute noch lässt sich bei allen unseren Boxern mindestens ein Vorfahre „vom Dom" finden, studiert man die lange Reihe der Ahnen in den Zuchtbüchern.

Auch unter seinen Vorfahren finden sich Boxer aus Friederun Stockmanns berühmtem Zwinger „vom Dom".

Der Weg zur gezielten Boxerzucht

Mit dem ersten Standard aus dem Jahre 1896 sollte vor allem eine Verbesserung des Gebäudes erreicht werden. Die angestrebte Kopfform wurde damals noch als verkürzter Doggenkopf mit Scherengebiss beschrieben. 1902 wurde dieser Standard erstmals schriftlich niedergelegt, und bereits drei Jahre später – im Jahre 1905 – erfuhr er seine erste Überarbeitung. Man hatte erkannt, dass das zunächst formulierte Zuchtziel, besonders in Bezug auf den Kopf, doch nicht dem anzustrebenden Ideal entsprach. Laut neuem Standard sollte der Boxer nun einen Vorbiss haben, der Unterkiefer sollte also im Verhältnis zum Oberkiefer hervorstehen. Das Verhältnis vom Fang zum Oberkopf sollte 1 : 2 betragen.

Die Anerkennung des Boxers als Diensthund im Jahre 1924 machte eine weitere Anpassung erforderlich. Die damaligen Boxer hatten eine Körpergröße von 45 bis maximal 55 Zentimetern. Da Diensthunde nicht zu klein sein dürfen, wurde die angestrebte Körpergröße auf die heute noch gültigen Maße von 57 bis 63 Zentimetern für Rüden und 53 bis 59 Zentimetern für Hündinnen erhöht.

Nachdem in den beiden darauffolgenden Jahren noch die Fellfarben Schwarz, Weiß und Gescheckt als Fehlfarben eingestuft worden waren, was bedeutet, dass seither nur noch mit gelben und gestromten Boxern gezüchtet werden darf, wurde der Standard lange Zeit nicht mehr verändert.

Die Züchter haben den Zeitraum von etwas mehr als 100 Jahren seit der Gründung des Boxer-Klubs gut genutzt, um dem im Standard geforderten Idealbild recht nahe zu kommen. Aus den unterschiedlichen Bullenbeißertypen ist ein eleganter und sportlicher Hund geworden, der nicht zuletzt durch sein Wesen besticht.

Kupierverbot

Bis vor wenigen Jahren war das Kupieren von Ohren und Rute noch fester Bestandteil des Boxer-Rassestandards. Die Rute kupierte man, um zu verhindern, dass sich der kurzhaarige Boxer seine kaum gepolsterte Rute beim Wedeln verletzte. Zudem spielten dadurch die immer wieder auftretenden Rutendeformationen, sogenannte Knickruten, für die Zucht absolut keine Rolle.

Die Ohren wurden vorwiegend aus ästhetischen Gründen kupiert: Man fand, der Boxer sehe so eleganter aus. Teilweise wurde auch die Meinung vertreten, dass es in der Natur auch keine Tiere mit Hängeohren gebe und die Maßnahme deshalb gerechtfertigt sei. Eine Zeit lang galten kupierte Ohren und Ruten als Zeichen für Arbeitshunde.

Sowohl das Kupieren der Rute als auch das Kupieren der Ohren fügen dem Boxer, genau wie allen anderen Hunden, länger anhaltende Schmerzen zu, die nicht verhältnismäßig sind. Das Argument, dass neugeborene Hunde keine oder kaum Schmerzen empfinden, wurde mittlerweile wissenschaftlich widerlegt. Man konnte sogar das Gegenteil nachweisen: Neugeborene Hunde empfinden Schmerzen tatsächlich viel stärker als ältere! Das Tierschutzgesetz verbietet deshalb seit 1987 das Kupieren der Ohren und seit 1998 auch das Kupieren der Rute eindeutig. Auch der Rassestandard wurde dahingehend angepasst, und der Boxer darf seither seine Hängeohren und seine

Um die Balance beim Klettern halten zu können, setzt dieser Rüde geschickt seine Rute ein.

lange Rute offiziell behalten. Und das ist auch gut so, denn die Rute ist die verlängerte Wirbelsäule! Als solche ist sie wichtig für die Bewegungen und das Gleichgewicht des Hundes. Gerade bei Sprüngen, beim Balancieren auf Baumstämmen oder auf dem Steg im Agility sowie beim Klettern übernimmt die Rute die Funktion einer Balancierstange. Eine Boxerzüchterin berichtete mir sogar von ihrer Beobachtung, dass die Welpen schneller laufen lernen, seit die Ruten nicht mehr kupiert werden.

Sollten Sie dennoch einem Boxer mit verkürzter Rute begegnen, ist dies nicht immer als Hinweis auf einen Verstoß gegen das Tierschutzgesetz zu werten. Boxern mit angeborener Rutendeformation darf die Rute durch den Tierarzt kupiert werden. Dieser kann auch eine entsprechende Bescheinigung ausstellen, die beispielsweise für Ausstellungen benötigt wird. Ohne eine solche Bescheinigung besteht in Deutschland ein striktes Ausstellungsverbot für kupierte Hunde.

Ganz neu ist der Anfang des Jahres 2008 verabschiedete Beschluss, dass Boxer mit einer Rutendeformation und Boxer mit kupierter Rute auf Zuchtschauen keine Siegertitel mehr erhalten dürfen. Damit und mit der Offenlegung von Würfen mit Rutendeformationen im Zuchtbuch erhofft man sich zuchtlenkende Maßnahmen zur Verminderung dieses Problems.

Übrigens kann auch das Temperament des Boxers manchmal, wenn auch selten, dazu führen, dass die Rutenspitze bei einem Unfall so stark beschädigt wird, dass keine Heilung mehr erfolgt. Meist ist es dann aber mit der Amputation von wenigen Wirbeln getan.

Boxer-Steckbrief

Das angestrebte äußere Erscheinungsbild und das Wesen des Boxers sind in einem international einheitlichen Rassestandard genau beschrieben. Diesem Zuchtziel entsprechen die meisten modernen Boxer. Doch wenngleich sich Hunde dieser Rasse sowohl äußerlich als auch charakterlich oft recht ähnlich sind, darf man nicht vergessen, dass jeder Boxer eine eigenständige Persönlichkeit ist.

Wie im Standard gefordert ist bei diesem Boxer der Oberkopf etwa doppelt so lang wie der Nasenrücken. Auch der leicht nach oben gebogene Unterkiefer ist hier gut zu erkennen.

Der heutige Rassestandard

Der Boxer zählt gemäß der Rasseeinteilung der FCI (Welthundeverband) zur Gruppe 2, Sektion 2, den Molossoiden, wo er der Untergruppe der doggenartigen Hunde zugeordnet wird. Dort sind 16 verschiedene Rassen erfasst, wovon neben dem Boxer lediglich zwei weitere „mit Arbeitsprüfung" geführt werden. Beim Boxer gelten als Arbeitsprüfungen bestandene Vielseitigkeits- und Fährtenhundprüfungen. Diese sollen dem Nachweis der Eignung für den ursprünglichen Verwendungszweck als Gebrauchshund dienen und Aufschluss über die Leistungsfähig-

keit und Gesundheit geben. Die Prüfungen sind zugleich Voraussetzung für eine Zuchtzulassung (sie werden für jeweils einen der beiden Zuchtpartner gefordert) und für den Start in der Gebrauchshundeklasse bei Zuchtschauen.

Gemäß dem Rassestandard ist der Boxer ein „mittelgroßer, glatthaariger, stämmiger Hund mit kurzem, quadratischem Gebäude". Die Muskulatur ist „kräftig entwickelt", und die Bewegungen sind „voll Kraft und Adel". „Watscheln, wenig Raumgriff, Steifheit und Passgang" gelten als Fehler im Bewegungsablauf.

Unverwechselbar ist der Boxer vor allem wegen seines markanten Kopfes, der „in gutem Ebenmaß zum Körper" sein muss. Der Fang soll „möglichst breit und mächtig" sein und „im richtigen Verhältnis zum Oberkopf stehen". Ein wichtiges Maß ist hier „die Länge des Nasenrückens", die sich zur „Länge des Oberkopfes wie 1 : 2" verhalten muss. Ein weiteres prägnantes Merkmal des Boxerkopfes ist der Vorbiss. „Der Unterkiefer überragt den Oberkiefer und ist leicht nach oben gebogen." Die Anzahl der Zähne ist dadurch übrigens nicht verändert. Boxer haben ein vollständiges Canidengebiss mit 42 Zähnen. Als Fehler gelten sichtbare Zähne bei geschlossenem Fang und das Zeigen der Zunge.

Das Haarkleid ist „kurz, hart, glänzend und anliegend" und kann gelb oder gestromt sein, wobei die gelbe Farbe von Hellgelb bis Dunkelhirschrot variieren darf. Gestromte Boxer haben auf der gelben Grundfarbe „dunkle oder schwarze, in Richtung der Rippen verlaufende Streifen". Ein typisches Merkmal des Boxers ist die sogenannte schwarze Maske. Weiße Abzeichen sind erlaubt und gelten sogar als „recht ansprechend". Wenn allerdings das Weiß mehr als ein Drittel der Körperhälfte einnimmt, so ist das ein Fehler.

Gemäß dem Standard haben Hündinnen eine Größe von 53 Zentimetern bis maximal 59 Zentimetern, gemessen am Widerrist, während Rüden mit 57 Zentimetern bis 63 Zentimetern größer sind. Auch der Kopf einer Hündin ist meist zarter und, der gesamten Statur angepasst, kleiner. Die Geschlechter unterscheiden sich, ihrer Größe entsprechend, auch in ihrem Gewicht. Während ausgewachsene Rüden zwischen 30 und 35 Kilogramm wiegen, erreichen Hündinnen „nur" ein Gewicht von etwa 24 bis 28 Kilogramm.

Das Wesen des Boxers „ist von allergrößter Wichtigkeit". Laut Standard sollen diese Hunde „nervenstark, selbstbewusst, ruhig und ausgeglichen" sein. Als Charakterfehler gelten „Aggressivität, Bösartigkeit", aber auch ein „Mangel an Temperament". Dass der Charakter von besonderer Bedeutung ist, erkannten die Boxerzüchter bereits sehr früh, denn diese Passage stammt bereits aus dem Jahr 1905. Die sorgsame Charakterpflege in der Zucht ist eine Erklärung dafür, warum der Boxer sich schon seit Jahren unter den „Top Ten" der beliebten Rassehunde befindet. Sein freundliches, sicheres und gleichzeitig verspieltes und temperamentvolles Wesen ist sicherlich der Hauptgrund für seine anhaltende Beliebtheit als Familienhund.

Rüden sind normalerweise deutlich größer und schwerer als die zarter gebauten Hündinnen.

FCI-Rassestandard Nr. 144 vom 13.03.2001

(Von der Autorin gekürzt)

Ursprung: Deutschland
Verwendung: Begleit-, Schutz- und Gebrauchshund
Klassifikation FCI: Gruppe 2; Sektion 2.1 Molosser und doggenartige Hunde. Mit Arbeitsprüfung.
Allgemeines Erscheinungsbild: Der Boxer ist ein mittelgroßer, glatthaariger, stämmiger Hund mit kurzem, quadratischem Gebäude und starken Knochen. Die Muskulatur ist trocken, kräftig entwickelt und plastisch hervortretend. Die Bewegungen sind lebhaft, voll Kraft und Adel.
Proportionen: a) Das Gebäude ist quadratisch, das heißt, die Begrenzungslinien, eine waagerechte den Rücken und je eine senkrechte die Bugspitze beziehungsweise die Sitzbeinhöcker berührend, bilden ein Quadrat.
b) Die Brust reicht bis zu den Ellenbogen. Die Brusttiefe beträgt die Hälfte der Widerristhöhe.
c) Die Länge des Nasenrückens verhält sich zur Länge des Oberkopfes wie 1 : 2.
Verhalten/Charakter: Der Boxer soll nervenstark, selbstbewusst, ruhig und ausgeglichen sein. Sein Wesen ist von allergrößter Wichtigkeit. Seine Anhänglichkeit und Treue gegenüber seinem Herrn, seine Wachsamkeit und sein unerschrockener Mut sind von alters her berühmt. Er ist harmlos in der Familie, aber misstrauisch gegenüber Fremden, heiter und freundlich beim Spiel, aber furchtlos im Ernst. Bei seiner Anspruchslosigkeit und Reinlichkeit ist er gleich angenehm und wertvoll in der Familie wie als Schutz-, Begleit- oder Diensthund.

Kopf
Muss in gutem Ebenmaß zum Körper sein und darf weder zu leicht noch zu schwer erscheinen. Der Fang muss immer im richtigen Verhältnis zum Oberkopf stehen, das heißt niemals zu klein erscheinen. Er soll trocken sein, also keine Falten zeigen. Naturgemäß bilden sich jedoch Falten auf dem Oberkopf bei erhöhter Aufmerksamkeit.
Von der Nasenwurzel zu beiden Seiten abwärts verlaufend sind Falten stets angedeutet. Die dunkle Maske beschränkt sich auf den Fang und muss sich von der Farbe des Kopfes deutlich abheben, damit das Gesicht nicht finster wirkt.
Schädel: Der Oberkopf soll möglichst schlank und kantig sein. Er ist leicht gewölbt, weder kugelig kurz noch flach und nicht zu breit, der Hinterkopf nicht zu hoch. Die Stirnfurche ist nur schwach angedeutet, sie darf besonders zwischen den Augen nicht zu tief sein.
Stopp: Die Stirn bildet zum Nasenrücken einen deutlichen Absatz. Der Nasenrücken darf nicht bulldoggartig in die Stirn eingetrieben, aber auch nicht abfallend sein.
Nase: Die Nase ist breit und schwarz, ganz leicht aufgestülpt; weite Nasenlöcher. Die Nasenspitze liegt etwas höher als die Nasenwurzel.
Fang: Der Fang sei mächtig entwickelt in den drei Dimensionen des Raumes, also weder spitz noch schmal, kurz oder flach. Seine Gestalt wird beeinflusst durch
a) die Form der Kiefer,
b) die Stellung der Fangzähne und
c) die Beschaffenheit der Lefzen.
Die Fangzähne müssen möglichst weit auseinanderstehen, wodurch die vordere Fläche des Fanges breit, fast quadratisch wird und mit dem Nasenrücken einen stumpfen Winkel bildet. Vorn liegt der Saum der Oberlippe auf dem Saum der Unterlippe. Der aufwärts gebogene Teil des Unterkiefers mit der Unterlippe darf

die Oberlippe nach vorn nicht auffällig überragen, noch weniger aber unter ihr verschwinden. Die Fang- und Schneidezähne des Unterkiefers dürfen bei geschlossenem Fang nicht sichtbar sein, ebenso wenig darf der Boxer bei geschlossenem Fang die Zunge zeigen. Der Oberlippenspalt ist gut sichtbar.

Lefzen: Die Lefzen vollenden die Gestalt des Fanges. Die Oberlippe ist dick und wulstig.

Gebiss: Der Unterkiefer überragt den Oberkiefer und ist leicht nach oben gebogen. Der Boxer beißt vor. Der Oberkiefer ist breit am Oberkopf angesetzt und verjüngt sich nach vorn nur wenig. Die Schneidezähne sind möglichst regelmäßig in einer geraden Linie angeordnet, die Fangzähne weit auseinanderstehend.

Augen: Die dunklen Augen sind weder zu klein noch hervorquellend oder tief liegend. Der Ausdruck verrät Energie und Intelligenz, er darf nicht drohend oder stechend sein. Die Lidränder müssen eine dunkle Farbe haben.

Ohren: Die naturbelassenen Ohren haben eine angemessene Größe; an den höchsten Stellen des Oberkopfes seitlich angesetzt, liegen sie in Ruhestellung an den Backen an und fallen – besonders wenn der Hund aufmerksam ist – mit einer deutlichen Falte nach vorn.

Hals: Die obere Linie verläuft in einem eleganten Bogen vom deutlich markierten Genickansatz zum Widerrist. Er soll von reichlicher Länge sein, rund, kräftig, muskulös und trocken.

Körper

Rücken: Soll einschließlich der Lendenpartie kurz, fest, gerade, breit und stark bemuskelt sein.

Kruppe: Leicht geneigt, flach gewölbt und breit. Das Becken soll lang und besonders bei Hündinnen breit sein.

Brustkorb: Gut ausgebildete Vorbrust. Die Rippen gut gewölbt, aber nicht tonnenförmig gerundet, weit nach hinten reichend.

Untere Linie: Verläuft in einem eleganten Schwung nach hinten. Kurze, straffe Flanken, leicht aufgezogen.

Rute: Der Ansatz eher hoch als tief. Die Rute bleibt naturbelassen.

Gliedmaßen

Vorderhand: Die Vorderläufe müssen von vorn gesehen gerade sein, parallel zueinander stehen und starke Knochen haben.

Schultern: Lang und schräg, straff mit dem Rumpf verbunden; sie sollten nicht zu stark bemuskelt sein.

Hinterhand: Sehr stark bemuskelt, die Muskulatur bretthart und sehr plastisch hervortretend. Die Hinterläufe sollen von hinten gesehen gerade sein.

Gangwerk: Lebhaft und voll Kraft und Adel.

Haarkleid

Haar: Kurz, hart, glänzend und anliegend.

Farbe: Gelb oder gestromt. Gelb kommt in verschiedenen Tönen vor, von Hellgelb bis Dunkelhirschrot. Schwarze Maske. Die gestromte Varietät hat auf gelbem Grund in den obigen Abstufungen dunkle oder schwarze, in Richtung der Rippen verlaufende Streifen. Grundfarbe und Streifen müssen sich deutlich voneinander abheben. Weiße Abzeichen sind nicht grundsätzlich zu verwerfen, sie können sogar recht ansprechend sein.

Größe

Gemessen vom Widerrist, vorbei am Ellenbogen, bis zum Boden.

Rüden: 57 bis 63 Zentimeter.
Hündinnen: 53 bis 59 Zentimeter.

Gewicht

Rüden: über 30 Kilogramm (bei etwa 60 Zentimeter Widerristhöhe).
Hündinnen: ungefähr 25 Kilogramm (bei etwa 56 Zentimeter Widerristhöhe).

Die Fellfarbe dieses stattlichen Rüden bezeichnet man mit dem Ausdruck Dunkelgoldgestromt.

Die Farben – ein vielfältiges Erscheinungsbild

Zwar erlaubt der Rassestandard als Farbe nur Gelb, mit oder ohne Stromung, dennoch bieten Boxer aufgrund der zahlreichen möglichen Farbschattierungen und der verschieden geformten weißen Abzeichen ein vielfältiges Äußeres. Wer sich näher mit ihnen befasst, wird schnell merken, dass sie alle recht unterschiedlich aussehen und somit auch relativ leicht auseinanderzuhalten sind.

Die Fachbegriffe für die Fellfarben wirken zunächst womöglich etwas verwirrend, bei näherer Betrachtung ist es aber gar nicht so schwer! Die gelbe Farbe reicht von Hellgelb über Goldgelb, Rotgelb und Hirschrot bis hin zu Rotbraun.

Dreimal Gelb: Eine goldgelbe Hündin, gefolgt von einer rotgelben Hündin und einem rotgelben Rüden.

Getigerte Boxer haben eine sogenannte Stromung. So nennt man die dunklen, meist schwarzen Streifen auf der jeweiligen Grundfarbe, nach der sich die genaue Farbbezeichnung richtet. So gibt es Hellgelbgestromt, Hellgoldgestromt, Goldgestromt, Rotgoldgestromt, Dunkelgoldgestromt und Dunkelgestromt. Manche dunkel gestromten Boxer mit sehr dunkler Grundfarbe wirken sogar fast schwarz. Bei näherem Hinsehen lässt sich aber immer die Stromung erkennen.

Wirklich schwarze Boxer gibt es nicht. Es wurde zwar versucht, schwarze Boxer zu etablieren, da es sich hierbei aber um Mischlinge handelte (es wurde ein schwarzer Schnauzer eingekreuzt), hat man diese Bestrebungen schon in der Zeit des Ersten Weltkrieges aufgegeben. Abweichend vom Rassestandard kommen allerdings immer wieder gescheckte oder ganz weiße Boxer vor.

Weiße Boxer

Weiße Boxer gibt es seit Beginn der planmäßigen Zucht. Die Stammhündin Meta von der Passage war weiß mit dunklen Abzeichen. Trotzdem gibt es heute nur wenige weiße Boxer, und kaum jemand kennt sie oder weiß zumindest, dass es sie gibt.

Um das zu verstehen, müssen wir kurz in die deutsche Geschichte schauen: Die als Dienst- und Gebrauchshunde anerkannten Boxer wurden im Krieg als Militärhunde eingesetzt. Weiße Hunde waren beim Militär aus naheliegenden Gründen unerwünscht – sie sind nun einmal ein leichtes Ziel. Nachdem der Reichsverband für das Deutsche Hundewesen im Jahre 1934 festgelegt hatte, dass nur noch sechs Welpen aus jedem Wurf in das Zuchtbuch eingetragen werden durften, wurden daher vorrangig weiße Welpen „aussortiert" – wenn man schon selektieren muss, nimmt man Hunde aus dem Wurf, die sich sowieso kaum unterbringen lassen. 1941 wurde dieser Beschluss noch einmal rigoros verschärft. Von nun an mussten alle weißen und auch alle gescheckten Welpen sofort nach der Geburt getötet werden. Dies änderte sich erst im Jahre 1972 mit dem Erlass des neuen Tierschutzgesetzes, das es verbietet, Wirbeltiere ohne vernünftigen Grund zu töten.

Weiße Boxer wie dieser Rüde haben meist besonders typvolle Köpfe. Auch die dunkle Maske ist ansatzweise vorhanden und hier gut zu erkennen. (Foto: Petra Domke)

Die schwarze Maske dieser goldgelben Hündin hebt sich deutlich von der Grundfarbe ab.

Weiße Boxer sind zwar auch heute noch von Ausstellungen und von der Zucht ausgeschlossen, werden aber seit 1979 wieder im Zuchtbuch des Boxer-Klubs München e. V. eingetragen. Im Sport sind sie mittlerweile vielerorts voll integriert und stellen dort ihre Gesundheit und ihr Können unter Beweis. Es ist ein Märchen, dass weiße Boxer taub und krank sind. Sie sind keine Albinos, leiden also nicht unter einem Pigmentmangel und sind genauso selten oder häufig von Krankheiten betroffen wie andersfarbige Boxer. Weiße Boxer haben sogar meist besonders typische Köpfe und einen stärkeren Knochenbau. Oft sind gerade die weißen Welpen in einem Wurf die kräftigsten.

Es ist der Rasse Boxer zu wünschen, dass weiße Tiere bald zur Zucht zugelassen werden. Die Zahl der zur Zucht eingesetzten Boxer ist relativ klein, wodurch der Genpool recht eingeschränkt ist. Man sollte daher nicht immer wieder äußerst typvolle Hunde nur wegen ihrer Farbe ausschließen. Solange die Vorschriften aber so bleiben, haben weiße Boxer sogar einen kleinen Vorteil: Der Anschaffungspreis eines Welpen ist aufgrund der Zuchtuntauglichkeit auch bei sorgfältig aufgezogenen und vielversprechenden Welpen niedriger.

Maske und Abzeichen

Allen Boxern ist die schwarze Maske (die Partie an der Schnauze und den Augen) gemeinsam. Diese ist unterschiedlich stark ausgeprägt und bei weißen Boxern meist nur ansatzweise vorhanden. Im Idealfall beschränkt sich die dunkle Maske auf den Fang und hebt sich von der Farbe des Kopfes deutlich ab.

Weiße Abzeichen, also weiße Bereiche im Fell gelber oder gestromter Boxer, dürfen nicht mehr als ein Drittel der Körperpartie bedecken. Die weißen Abzeichen kommen am häufigsten an Brust und Pfoten, Bauch, Kopf und Rutenspitze vor. Größere weiße Abzeichen umfassen die Läufe und dehnen sich um den Hals herum aus.

Schöne Weißzeichnungen sehen nicht nur sehr reizvoll aus, sondern spielen in der Boxerzucht auch eine wichtige Rolle. Im Laufe der Jahre hat sich gezeigt, dass an das Gen für Weiß anscheinend boxertypische Merkmale gekoppelt sind. Züchtet man unter Ausschluss von Weiß

Diese rotgelbe Hündin hat die weißen Abzeichen an den Stellen, an denen sie bei Boxern besonders häufig vorkommen.

vererbenden Tieren (dies wurde in den Fünfzigerjahren versucht), so verliert der Boxer schon bald sein typisches Aussehen: Die Masken sind nur noch schwach ausgebildet und die Knochen werden feingliedrig.

Friederun Stockmann schrieb bereits im Jahre 1933, dass Typ und gesundes Gebäude wichtiger sind als die Farbe. Über den Begriff Schönheit lasse sich ohnehin streiten, war ihre Meinung. Diese Aussagen haben auch heute noch Gültigkeit, und fest steht eines: Wie auch immer sie aussehen, alle Boxer haben jede Menge Charme!

Ein wenig Vererbungslehre

Grundsätzlich dürfen Boxer, die dem Rassestandard entsprechen, unabhängig von ihrer Farbe miteinander verpaart werden. Sollte ein Züchter Ihnen jedoch einen Wurf mit gelben und gestromten Welpen zeigen und zwei gelbe Elterntiere dazu vorstellen, können Sie sicher sein, dass hier etwas nicht stimmt. Warum? Weil gestromte Welpen bei zwei gelben Elterntieren genetisch unmöglich sind. Um das zu verstehen, müssen wir uns kurz mit den Grundzügen der mendelschen Vererbungslehre beschäftigen.

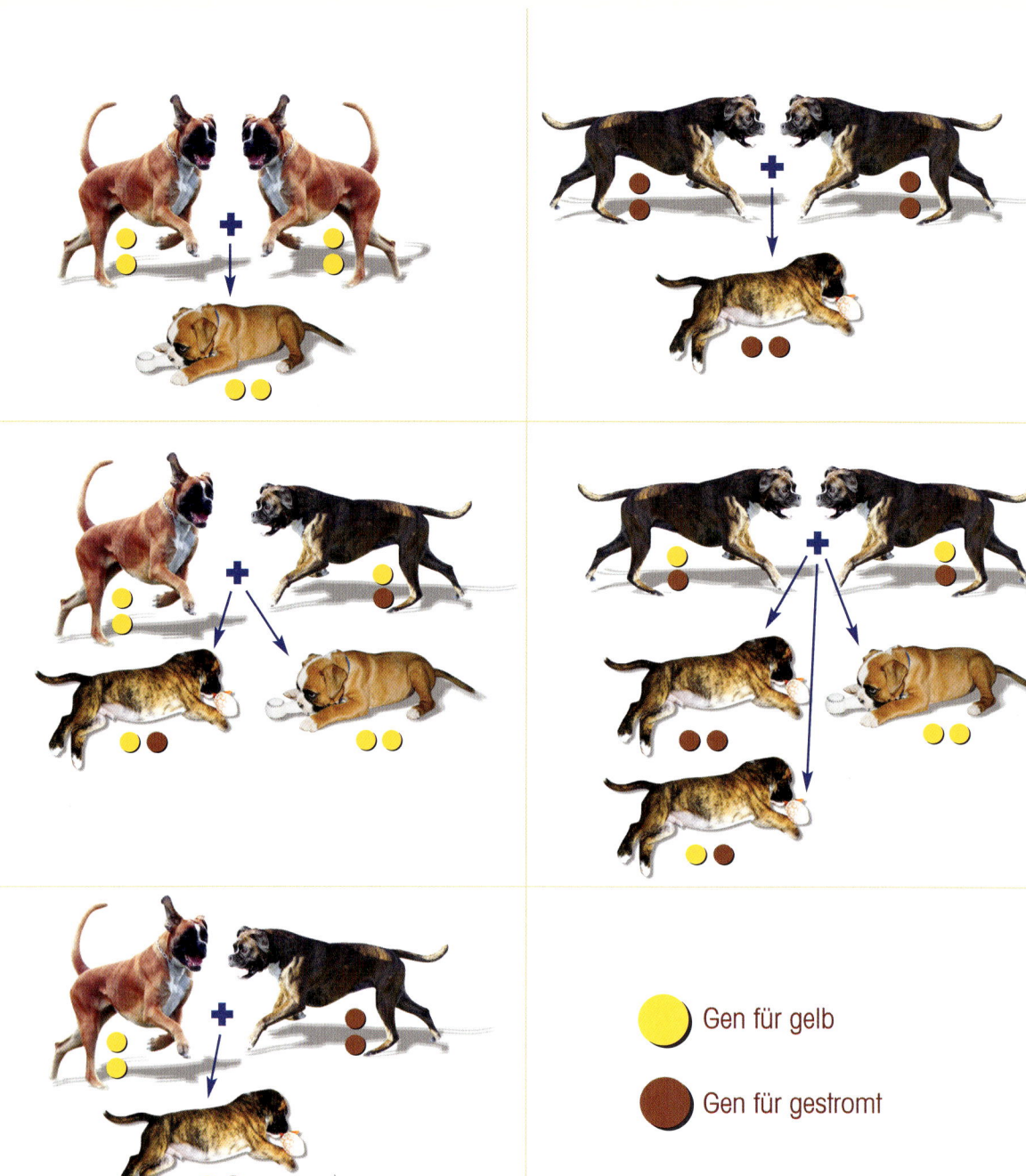

Bei Boxern folgt die Vererbung der gelben und gestromten Fellfarbe diesem Schema.

Das für die Stromung verantwortliche Gen wird dominant vererbt und überlagert deshalb das Gen für die gelbe Farbe. Das heißt, dass ein Boxer, der sowohl ein Gen für Gestromt als auch ein Gen für Gelb in sich trägt, immer gestromt ist. Daraus lässt sich ableiten, dass ein gelber Boxer nur zwei Gene für Gelb besitzen kann, aber niemals ein Gen für Gestromt.

Gestromte Boxer können entweder zwei Gene für die Stromung (man nennt das reinerbig gestromt) oder ein Gen für Gelb und eines für die Stromung haben (mischerbig gestromt). Paart man einen reinerbig gestromten Boxer mit einem gelben, sind alle Welpen mischerbig gestromt. Ist der gestromte Boxer mischerbig, besitzt also beide Farbgene, wird der Nachwuchs mit einem gelben Boxer ebenfalls gemischt. Es kann sowohl gelbe als auch gestromte Boxer im Wurf geben. Gleiches passiert, wenn man zwei mischerbig gestromte Boxer miteinander verpaart.

Die weiße Farbe wird unabhängig von der Grundfarbe durch das sogenannte Weißscheckungsgen weitergegeben. Der Erbgang ist autosomal rezessiv, was bedeutet, dass nur ein Welpe, der das Gen für Weiß sowohl von der Mutter als auch vom Vater geerbt hat, auch ganz weiß geboren wird. Hat er das Gen nur von einem Elternteil geerbt, so verdrängt das Weiß die Grundfarbe in unterschiedlichem Maße – der Boxer wird dann mehr oder weniger stark ausgeprägte weiße Abzeichen haben.

Noch mal zum praktischen Verständnis: Aus einer Verpaarung zweier farbiger Boxer mit weißen Abzeichen können komplett weiße Welpen entstehen. Es muss also kein Elterntier selbst gänzlich weiß sein. Und umgekehrt gilt: Würde man, was derzeit nicht zulässig ist, einen weißen Boxer mit einem Partner verpaaren, der das Weißscheckungsgen nicht besitzt, würden im Wurf nur farbige Welpen fallen.

Der Boxer – ein Charakterkopf

Boxer sind liebenswerte Kindsköpfe, verspielt und temperamentvoll bis in das hohe Alter. Immer gut gelaunt und zu Faxen aufgelegt, bringen sie viel Sonne in den Alltag ihrer Halter. Oftmals sind sie richtige Clowns, die einen immer wieder zum Lachen bringen. Allein die vielfältige Mimik ihrer Gesichter mit den Blicken von frech bis bittend, fröhlich bis albern zaubert einem immer wieder aufs Neue ein Lächeln in das Gesicht. Am Boxergesicht lässt sich die Stimmung des Hundes recht gut ablesen, trotzdem sollte man, wie bei allen Hunden, immer auf die gesamte Körpersprache achten, um den Hund wirklich richtig verstehen zu können.

Die Gutmütigkeit und Freundlichkeit des Boxers kann allerdings ganz schnell zu einer äußerst entschlossenen und zielstrebigen Kampfkraft wechseln, sollte er sich dazu herausgefordert fühlen. In Sekundenschnelle ist aus dem verspielten Wesen ein entschlossenes Muskelpaket geworden, das sich durch nichts einschüchtern lässt. Zum Glück sind solche Situationen, in denen der Boxer sich als zuverlässiger Beschützer seiner

Familie beweisen muss, heutzutage mehr als selten. Zur Bewachung des Grundstückes reicht der wachsame Blick eines Boxers hinter dem Gartenzaun meist schon vollkommen aus, um unerlaubtes Betreten zu verhindern.

Die Boxermimik kann manchmal richtig witzig werden.

Selbstständiger Denker oder sturer Hund?

Das Temperament und die Selbstsicherheit sowie die Hartnäckigkeit eines Boxers haben schon so manchen Halter vor Probleme gestellt. Boxer sind ausgezeichnete Beobachter ihrer Umgebung und können sehr ausdauernd sein, um ihre Ziele zu erreichen. Diese Sturheit des Boxers ist seine erhaltene Fähigkeit, selbstständige Entscheidungen treffen zu können (und oft auch treffen zu wollen).

Schaut man sich den Ursprung dieser Hunde an, so stellt man fest, dass sie immer selbstständige und harte Arbeit zu verrichten hatten. Der heutige Boxer trägt dieses Erbe noch immer zu einem nicht unerheblichen Teil in sich. Diese Hunde ordnen sich nicht so widerspruchslos unter wie einige Hütehundrassen, die auf enge Zusammenarbeit mit dem Menschen gezüchtet wurden. Boxer arbeiten gern eigenständig und lieben sinnvolle Aufgaben!

Bei aller Selbstsicherheit und Sturheit ist der Boxer innerlich zugleich sehr sensibel. Mit Härte erreicht man bei ihm nur das Gegenteil von dem, was man will. Wer den Boxer als treuen und zuverlässigen Partner und als Familienmitglied haben will, muss sich die Mühe machen, sich mit dem Hundeverhalten auseinanderzusetzen, und immer wieder neu bemüht sein, die Führungsrolle voll auszufüllen. Nur ruhige, gelassene und selbstbewusste Halter werden wirklich akzeptiert. Ein mit Hundeverstand erzogener Boxer ist als Lohn für alle Mühen seines Besitzers der treueste und zuverlässigste Gefährte, den man sich nur wünschen kann.

Territorialverhalten

Boxer sind wachsam und passen gut auf ihr Territorium auf. Dieses Territorialverhalten ist angeboren, tritt aber erst im Laufe des Erwachsenwerdens zutage. Ein Boxerwelpe, der beständig alles verbellt, ist nichts anderes als ein Hasenfuß – mit Wachsamkeit und Territorialverhalten hat das nichts zu tun.

Obwohl sie territorial veranlagt sind, sind Boxer im Allgemeinen keine bellfreudigen Hunde. Ein Anschlagen erfolgt, wenn überhaupt, lediglich bis der Chef auch bemerkt hat, dass sich jemand nähert, und dann ist wieder Ruhe. Am Zaun entlanggehende Passanten werden meist ganz entspannt vorbeigelassen, nur wenn jemand das Grundstück betreten will, wird Bescheid gesagt. Boxer kann man deshalb normalerweise auch in Reihenhäusern, Eigentumswohnungen und ähnlichen Wohnsituationen, in denen Menschen eng zusammen leben, halten, ohne Ärger mit den Nachbarn fürchten zu müssen.

Hündinnen zeigen meist etwas ausgeprägteres Territorialverhalten als Rüden. Das hängt mit ihrem stärker ausgeprägten Instinkt zum Schutz des Nachwuchses zusammen, der auch dann vorhanden ist, wenn sie noch nie Welpen hatten.

Hündinnen nehmen die Aufgabe der Revierbewachung wesentlich ernster als Rüden und gehen dabei auch schon einmal die Wände hoch.

Sind Sie und Ihre Familie boxertauglich?

Drum prüfe, wer sich zehn Jahre und länger bindet! Diesen Leitspruch sollten Sie bei der Entscheidung, ob Sie einen Boxer aufnehmen wollen, beherzigen, denn so lange wird er Sie und Ihre Familie auf Schritt und Tritt begleiten. Ein harmonisches Zusammenleben ist nur dann gewährleistet, wenn man die Bedürfnisse dieser Rasse kennt und bereit ist, sie zu erfüllen.

Sind Sie und Ihre Familie boxertauglich?

Grundvoraussetzungen für die Hundehaltung

Hunde schenken nicht nur viel Freude, sondern machen auch Arbeit und kosten Zeit und Geld. Nur wenn Sie dazu bereit sind, täglich ausreichend Zeit für das Tier aufzubringen und sich Wissen über Hunde und vor allem über ihr Verhalten anzueignen, sollten Sie einen Hund bei sich aufnehmen. Es ist auch wichtig, vorab kritisch zu prüfen, ob man in der Lage ist, die laufenden Kosten für Futter, Steuer, Versicherung und den Tierarzt über viele Jahre hinweg aufzubringen. All diese Vorüberlegungen helfen zu vermeiden, dass der Hund eines Tages im Tierheim landet.

Selbstverständlich darf ein Hund nur um des Hundes willen angeschafft werden und nicht etwa als Partnerersatz oder als Kinderspielzeug!

Spezielle Voraussetzungen für die Boxerhaltung

Die wichtigsten Voraussetzungen für die Haltung eines Boxers sind die eigene körperliche Fitness und die nervliche Belastbarkeit, die man vor der endgültigen Entscheidung für einen solchen Hund genau prüfen sollte. Boxer sind äußerst lebhaft und temperamentvoll, oftmals im wahrsten Sinne des Wortes springlebendig und bleiben das auch bis zu ihrem Lebensende!

Boxer sind sehr aktiv und temperamentvoll, bildlich gesprochen sind sie ständig auf dem Sprung.

Solchen Blicken kann man nur schwer widerstehen. Wenn Boxer betteln, läuft ihnen wortwörtlich das Wasser im Maul zusammen.

Der Boxer braucht nicht nur viel Beschäftigung und Bewegung, sondern muss auch äußerst konsequent erzogen werden. Diese Aufgabe erfordert von seinem Halter viel Hundeverständnis und vor allem Ruhe und Geduld. Auch eine gute Portion Humor ist in vielen Fällen vorteilhaft, denn gerade im ersten Lebensjahr läuft so manches nicht nach Plan, und sei es bloß, dass Ihr Kleinkind weint und zeitgleich der Hund bellt, weil gerade das Telefon klingelt und im selben Moment jemand an der Tür läutet ... Solche Situationen lassen sich nur mit Ruhe und Gelassenheit meistern, und natürlich muss die ganze Familie hinter der Entscheidung für den Hund stehen, sonst sind andere Probleme vorprogrammiert.

Auch erwachsene Boxer stellen die Konsequenz ihres Besitzers immer wieder auf die Probe. Ein Boxer weiß, was er will, und versucht das auch durchzusetzen – meist auf ganz charmante Art und Weise. Wenn der Boxer seinen „Bitte-bitte"-Blick aufsetzt und einen mit seinen treuen Augen ansieht, fällt es mächtig schwer, Nein zu sagen oder ihm gar böse zu sein.

Werden diese intelligenten Hunde ständig unterfordert, weil man ihnen körperlich einfach nicht gewachsen ist, dann suchen sie sich eigene Beschäftigungen, und das meist nicht zur Freude ihrer Familie. Ob sie sich nun Türen öffnen und dann allein spazieren gehen oder die Wohnungseinrichtung auf ihre Einzelbestandteile hin untersuchen, sprich zerlegen – sie werden fast immer auf Einfälle kommen, die uns nicht zusagen.

Die Entscheidung ist gefallen – ein Boxer soll es sein!

Wer sich gut vorbereitet für einen Boxer entscheidet, wird das ganz sicher nicht bereuen. Bevor Sie sich darum kümmern, woher Sie Ihren Traumboxer bekommen, gilt es, noch einige grundsätzliche Überlegungen anzustellen.

Rüde oder Hündin?

Prinzipiell sind beide Geschlechter zu den gleichen Leistungen fähig und als Familien- und Gebrauchshund gleichermaßen geeignet, sodass diese Entscheidung letztlich von Ihrer persönlichen Vorliebe abhängt. Es gibt allerdings durchaus einige geschlechtsspezifische Unterschiede, derer man sich bewusst sein sollte.

Rüden sind das ganze Jahr über paarungsbereit und immer an läufigen Hündinnen interessiert, ganz egal, ob es sich bei der Auserwählten um eine Boxerhündin, eine Dackeldame oder ein Doggenmädchen handelt. Das kann beim Spaziergang schon einmal zum Problem werden.

Eine Hündin wird hingegen in der Regel nur zweimal im Jahr für etwa drei Wochen läufig. In dieser Zeit kann man empfindliche Bodenbeläge mit alten Bettlaken schützen oder der Hündin ein spezielles Höschen anziehen. Die einzige große Beeinträchtigung ist der als Verhütungsmaßnahme erforderliche Leinenzwang. Hündinnen unterliegen allerdings hormonellen Schwankungen und können vor und besonders auch nach der Läufigkeit unausgeglichen und nervös, ja sogar richtig zickig sein. Zudem kommt es bei manchen Hündinnen nach der Läufigkeit zu einer sogenannten Scheinträchtigkeit. Sie schleppen dann alles, was sie finden können, in ihr Lager und „betreuen" es. Das kann so weit gehen, dass die Hündin sogar Milch produziert. Bei ausgeprägten Scheinträchtigkeiten sollte man immer den Tierarzt konsultieren.

In jedem Fall ist es sinnvoll, bei der Wahl des Geschlechts die Situation in der Nachbarschaft zu berücksichtigen. Es kann sehr lästig werden, wenn ringsherum nur Rüden wohnen, die während der Läufigkeit der eigenen Hündin das Grundstück belagern. Umgekehrt kann es auch sehr nervenaufreibend sein, wenn der eigene Rüde, von läufigen Hündinnen in der Umgebung

Rüden benehmen sich öfter mal herausfordernd, hier ist aber lediglich eine „Herausforderung" zum Spiel zu sehen.

angelockt, gern auf Freiersfüßen wandeln möchte und dies durch ständiges Jaulen und Jammern lautstark kundtut. Auch die eigene körperliche Konstitution und Durchsetzungskraft sollte man bedenken. Boxerrüden sind in aller Regel größer und schwerer als Hündinnen und haben deutlich mehr Kraft. Zudem sind sie meist selbstbewusster und etwas schwieriger einzuordnen als die doch etwas anhänglicheren und verschmusteren Hündinnen. Vor allem Rüden stellen gern mal die Frage, wer denn nun eigentlich das Sagen hat, wodurch sie Konsequenz und Durchsetzungsvermögen weitaus mehr fordern.

Anderen Hunden gegenüber benehmen sich Boxerrüden eher rüpelhaft und neigen leichter zum Raufen mit gleichgeschlechtlichen Artgenossen. Selbstverständlich kann man auch einen Rüden sozial- und rüdenverträglich erziehen, jedoch ist damit meist etwas mehr Arbeit verbunden. Hündinnen sind im Allgemeinen leichter lenkbar. Wenn allerdings zwei weibliche Boxer aneinandergeraten, dann ist das oftmals wesentlich ernster als ein lauter, aber dennoch meist harmloser Kampf unter Rüden.

Einen Boxerwelpen im Arm zu halten ist ein beglückendes Gefühl.

Welpe oder älterer Hund?

Abgesehen davon, dass es einfach sehr viel Freude macht, einen kleinen Boxerwelpen aufwachsen zu sehen und ihn von seinen tapsigen ersten Schritten an durch sein Leben zu begleiten, gibt es auch einige praktische Gründe, die für die Anschaffung eines Welpen sprechen.

Gerade für einen Boxerneuling ist mit einem Welpen vieles einfacher. Der Mensch kann sozusagen in seine neue Aufgabe „hineinwachsen" und man durchläuft gemeinsam alle Entwicklungsphasen des Hundes – so etwas schweißt eng zusammen! Auch hat der Welpe von Anfang an die Möglichkeit, all das kennenzulernen, womit er in seinem täglichen Leben konfrontiert werden wird. So gelingt beispielsweise die Gewöhnung an bereits vorhandene Haustiere wie Katzen und Kaninchen oder auch Hühner wesentlich

Sind Sie und Ihre Familie boxertauglich?

Wenn sich Boxer und Katze von klein auf kennen, teilen sie sich auch gern einmal den Schlafplatz. (Foto: Alexandra Zeggel)

leichter als bei einem bereits erwachsenen Hund. Vorausgesetzt, der Boxer wurde von einem verantwortungsbewussten Züchter aufgezogen und geprägt, sind alle Macken und Eigenarten, aber auch alle Erfolge in der Erziehung und der Ausbildung Ihr eigenes Werk.

Ein Boxerwelpe beansprucht allerdings wesentlich mehr von Ihrer Zeit als ein erwachsener Hund. Dies kann für die Anschaffung eines älteren Hundes sprechen, den man, sofern er daran gewöhnt ist, durchaus bis zu sechs Stunden allein lassen kann, was mit einem Welpen nicht möglich ist. Allerdings braucht man für einen Boxer mit Lebenserfahrung sehr viel mehr bereits vorhandenen Hundeverstand und Einfühlungsvermögen. Nur in den seltensten Fällen wird man erfahren, was dieser Boxer bereits erlebt hat, womit er gute, schlechte oder auch gar keine Erfahrungen gemacht hat. So können viele alltägliche Begebenheiten zu ständig neuen Herausforderungen werden. Weiß man damit jedoch umzugehen, ist es ein schönes Gefühl, in die glücklichen Augen eines Boxers zu schauen, der ein gutes Zuhause gefunden hat.

Welpenkauf: die Züchter- und Welpenwahl

Den Grundstein für ein gesundes und langes Boxerleben legt der Züchter. Darum ist es wichtig, bei der Wahl sorgfältig vorzugehen und sich gut zu informieren, bevor man sich entscheidet.

Boxerwelpen müssen wenigstens acht Wochen bei ihrer Mutter bleiben. In dieser Zeit liegt es in der Hand des Züchters, die kleinen Boxer schon gut auf ihr späteres Leben vorzubereiten.

Die Mehrzahl der Züchter, die einem dem VDH angeschlossenen Zuchtverband angehören (Adressen finden Sie im Anhang), werden schon von sich aus bemüht sein, schöne, wesensfeste und gesunde Boxer zu züchten.

Natürlich gibt es vonseiten des Verbandes auch Zuchtbestimmungen und Kontrollen, mit denen die Qualität der Boxerzucht sichergestellt werden soll. Diese Bestimmungen greifen schon, bevor der Deckakt erfolgen kann. So müssen beide Boxer eine Zuchttauglichkeitsprüfung ablegen, in der das Wesen und das Aussehen überprüft werden. Ängstliche und aggressive Tiere scheiden für die Zucht aus. Des Weiteren müssen Boxer eine Ausdauerprüfung ablegen. Dabei muss der Hund eine Strecke von 20 Kilometern am Fahrrad laufen, was normalerweise, wenn überhaupt, eher ein Problem für den Boxerhalter als für den Boxer ist. Auch muss wenigstens einer der beiden Zuchtpartner zusätzlich zu den bereits genannten Anforderungen erfolgreich eine Vielseitigkeitsprüfung abgelegt haben. So wird gewährleistet, dass die Gebrauchshundeeigenschaften und die damit verbundenen Wesenszüge erhalten bleiben.

Zur Zucht werden nur Boxer zugelassen, die auf vererbbare Herzkrankheiten sowie auf Spondylose und Hüftgelenkdysplasie untersucht worden sind und bei denen diese Krankheiten nicht oder nur zu einem ganz geringen Grad festgestellt wurden.

Ein seriöser Züchter wird Ihnen Nachweise für bestandene Zuchttauglichkeitsprüfungen und tierärztliche Untersuchungen seiner Hunde sicherlich gern zeigen.

Sind Sie und Ihre Familie boxertauglich?

Kör- und Leistungszucht

Auf der Ahnentafel Ihres Boxers werden Sie vielleicht besondere Vermerke wie Kör- oder Leistungszucht finden. Körzucht bedeutet, dass beide Elterntiere angekört sind. Die Körung ist eine besondere Empfehlung zur Zucht, die Boxer erhalten, wenn sie eine entsprechende Eignungsprüfung bestanden haben und ihre Vererbungskraft in mindestens fünf (Rüden) beziehungsweise zwei (Hündinnen) Würfen unter Beweis gestellt haben. Leistungszucht bedeutet, dass Eltern und Großeltern eine Vielseitigkeitsprüfung bestanden haben.

Prüfungen sind immer mit einigem Aufwand verbunden und nicht alle Züchter wollen sich diese Mühe machen. Boxer ohne besondere Eintragungen in der Ahnentafel sind daher keineswegs schlechtere Hunde, und umgekehrt sind Kör- und Leistungszucht keine Garantie dafür, dass der Welpe später einmal alle Anforderungen an Schönheit und Leistung erfüllen wird.

Boxermütter erziehen ihren Nachwuchs auch durch gemeinsames Spiel.

Besonders wichtig ist die Aufzucht der Welpen. Nicht die Zuchtstätte mit dem gefliesten, mit Rotlicht und Wärmestrahler beheizten, aber sonst sterilen Aufzuchtraum ist empfehlenswert, sondern die, in der die Boxerwelpen in das häusliche Umfeld hineingeboren werden und ihrer Entwicklung angepasst nach und nach weitere Bereiche des Hauses und des welpengerecht

Für gesunde, lebensfrohe Welpen lohnt es sich, eine Wartezeit in Kauf zu nehmen.

eingerichteten Hundekindergartens erobern können. Wichtig ist auch, dass die Boxermutter ihren Wurf mindestens acht Wochen lang betreuen kann. In dieser Zeit zeigt sie ihren Kindern alles, was im Hundeleben wichtig ist, und pflegt sie besser, als es der Züchter allein jemals könnte. Sie ist Spielpartner, animiert die Kleinen immer wieder aufs Neue und setzt die ersten wichtigen Grenzen.

Es ist nicht erforderlich, die Welpen zum Schutz der Mutter von dieser zu trennen! Die Hündin braucht lediglich einen erhöhten Platz, wie ein Hochbrett oder eine höhere Liege, damit sie sich zurückziehen kann. Von dort beobachtet sie ihre Kinderschar weiter und wird, wenn nötig, sofort wieder zur Stelle sein.

Verantwortungsbewusst aufgezogene Boxerwelpen kennen bei der Abholung bereits das Autofahren und haben viele verschiedene Menschen kennengelernt. Schauen Sie sich an, wie der Züchter mit seinen eigenen Hunden umgeht, und entscheiden Sie sich nicht spontan, nur weil Sie jetzt sofort einen Hund wollen und gerade so ein niedlicher Welpe vor Ihnen sitzt. Wenn Sie eine Zuchtstätte gefunden haben, die Ihnen zusagt, dann lohnt es sich auch, dort auf den nächsten Wurf zu warten. Selbst wenn es ein halbes Jahr dauert – was ist das schon für eine Zeitspanne, verglichen mit der Länge des Boxerlebens.

Der Welpenpreis für sorgfältig aufgezogene Boxer ist übrigens nicht, wie oft gemutmaßt wird, zu hoch angesetzt. Ein im VDH organisierter Züchter hat damit, wenn er Glück hat, seine Unkosten gerade gedeckt. Was Sie beim Kauf vermeintlich sparen, wenn Sie der Meinung sind, keine Papiere zu brauchen, zahlen Sie oftmals später über Jahre in mehrfacher Höhe dem Tierarzt und der Hundeschule, und weder Sie noch Ihr Boxer sind dabei glücklich.

Ein älterer Hund ist besser geeignet – woher nehmen?

Die Auswahl an erwachsenen Boxern ist nicht sehr groß, und das wird hoffentlich auch so bleiben. Fündig werden Sie vielleicht bei einer der Vermittlungsstellen, die es sich zur Aufgabe gemacht haben, ein neues Zuhause für in Not geratene Boxer zu suchen. Adressen und Ansprechpartner finden Sie im Anhang. Manchmal hilft auch die Nachfrage bei Züchtern. Es kommt vor, dass Züchter sich schweren Herzens von einem ihrer Boxer trennen müssen, beispielsweise weil sich ihre Hunde untereinander nicht vertragen oder weil ein vielversprechender Welpe letztlich doch nicht zuchttauglich ist, was seine Qualität als Familienhund selbstverständlich nicht schmälert. Im Tierheim werden Sie glücklicherweise fast nie auf einen Boxer treffen, schauen Sie sich aber trotzdem dort um – manchmal gibt es schicksalhafte Zufälle.

Wenn man einen älteren Boxer sucht, sollte man genauso sorgfältig vorgehen wie bei der Welpenwahl. Wo auch immer Sie fündig werden, schauen Sie sich die infrage kommenden Hunde genau an und versuchen Sie den Abgabegrund zu erfahren. Es ist beispielsweise keine gute Idee, einen Boxer in das eigene Rudel integrieren zu wollen, der wegen Unverträglichkeit mit Artgenossen abgegeben wurde. Oftmals sind in Not geratene

Wer weiß, vielleicht wartet Ihr Traumboxer schon ganz sehnsüchtig darauf, dass Sie ihn finden.

Boxer aber ganz normale und verträgliche Hunde, die nur durch einen Notfall in ihrer Familie, etwa Tod oder auch schwere Krankheit des Besitzers, ein neues Zuhause suchen.

Es wird ungefähr ein halbes Jahr dauern, bis sich ein älterer Boxer eingewöhnt hat. Je nach Vorgeschichte sind in dieser Phase mehr oder weniger viel Geduld, Zeit und Verständnis für die Probleme des Boxers aufzubringen. Wenn der übernommene Boxer noch keine Erziehung hat, dann sollten Sie mit ihm genauso üben wie mit einem Welpen.

Boxer und Kinder

Gut aufgezogene und geprägte Boxer sind sehr selbstsichere und gelassene Hunde. Vor allem deshalb sind sie als Familienhunde so beliebt. Auch die verrücktesten Kinderideen bringen einen Boxer nicht so schnell aus der Ruhe. Das meiste lässt er geduldig über sich ergehen, und falls die Kinder gar zu lästig werden, sucht der Boxer oftmals einfach das Weite. Das heißt jetzt aber nicht, dass man Boxer und Kinder (gerade Kleinkinder!) unbeaufsichtigt spielen lassen kann.

Auch ein Boxer ist nur ein Hund! Sowohl Hunde als auch Kinder sind in ihren Handlungen nie ganz berechenbar. Es sollte die Regel sein, dass Hunde und Kinder nur unter Aufsicht zusammen sind. Manchmal muss man den Boxer auch vor den Kindern schützen und nicht umgekehrt! Denn obgleich der Boxer sehr geduldig ist, so ist er doch kein Spielzeug, sondern ein Lebewesen. Er ist nur dann ein guter Spielkamerad, wenn die Kinder lernen, ihn zu respektieren und auf ihn Rücksicht zu nehmen.

Boxer und Kinder können die besten Freunde sein.

Vom kleinen Knautschgesicht zur großen Samtschnauze

Der Entschluss steht fest – ein Boxerwelpe zieht ein. Wer sich gut auf das neue Familienmitglied vorbereitet hat, dem wird es schnell gelingen, die so wichtige Bindung aufzubauen. Die Basis für ein harmonisches Zusammenleben und für eine erfolgreiche Grunderziehung ist damit geschaffen.

Vorbereitungen für das neue Familienmitglied

Wenn Sie sich für einen Boxer entscheiden, wird das nicht nur Ihr Leben, sondern sehr wahrscheinlich auch Ihre Wohnung verändern. Es ist einfach praktischer, bestimmte Dinge auf den Hund auszurichten, als sich ständig über Schmutz und Ähnliches zu ärgern.

Zu Hause

Als Fußbodenbelag sind Fliesen sehr empfehlenswert, weil sie gut zu reinigen sind. Schmutzpfoten, aber auch mal ein Welpenpfützchen oder Ähnliches lassen sich schnell und leicht beseitigen. Die Wände können Sie, falls nötig, mit einer Latexfarbe überstreichen, um sie abwaschbar und „sabberfest" zu machen, denn wenn Boxer sich schütteln, kann der „Sabber" schon einmal bis an die Decke fliegen.

Wenn Sie Ihren Boxer aus dem Napf füttern wollen, dann sollte dieser so weit oben angebracht sein, dass der Hund sich beim Fressen nicht ständig hinunterbeugen muss. Das ist nicht gut für die Schulter- und Ellenbogengelenke und die Wirbelsäule. Ideal ist ein verstellbarer Napfständer, weil dessen Höhe jeder Altersstufe Ihres Boxers angepasst werden kann. Fragen Sie Ihren Züchter unbedingt, welches Futter die Welpen bekommen, denn Sie sollten dieses noch eine ganze Zeit lang weiterfüttern und die Umstellung auf ein anderes Futter, falls Sie, aus welchen

Viele Boxer, so auch dieser rotgelbe Rüde, sind leicht für ein Schlammbad zu begeistern.

Gründen auch immer, wechseln möchten, nur ganz langsam vornehmen. Ihr kleiner Boxer kann sonst Magen- und Darmprobleme bekommen.

Als Schlafplatz empfiehlt sich ein ausreichend großes (etwa 80 mal 100 Zentimeter), rechteckiges Hundebett mit einer guten Matratze und einem waschbaren Bezug. Ein rechteckiges Hundebett ist einem runden vorzuziehen, da der Boxer auch gern mal lang ausgestreckt schläft und sich nicht immer zusammenrollen mag. Seine Wirbelsäule wird es Ihnen danken.

Sie können das Hundebett mit Decken und Kopfkissen gemütlich einrichten. Boxer haben es sehr gern weich, warm und kuschelig. Deshalb würde ein Boxer übrigens auch gern auf Ihrem Bett schlafen. Weil er jedoch, besonders lang ausgestreckt, ziemlich viel Platz einnimmt, sollte man sich von vornherein gut überlegen, ob man das zulässt – denn grundsätzlich gilt: Einmal erlaubt ist immer erlaubt! Eine Umerziehung ist zwar möglich, aber immer schwieriger und aufwendiger, als von Anfang an klare Verhältnisse zu schaffen. An dieser Stelle möchte ich Ihnen auch nicht verheimlichen, dass Boxer nicht selten und nicht gerade leise schnarchen.

Im Zwinger?

Zwingerhaltung ist für den Boxer nur bedingt geeignet. Boxer brauchen unbedingt Anschluss an die Familie und würden bei reiner Zwingerhaltung verkümmern. Allerdings schadet es einem erwachsenen Boxer, der geistig und körperlich ausgelastet ist, sicherlich nicht, auch mal mehrere Stunden in einem Zwinger zu verbringen. Ist dieser wettergeschützt, bietet ein schattiges Plätzchen für heiße Tage und eine gegen Feuchtigkeit, Zugluft und Bodenkälte geschützte Schlafmöglichkeit, kann der Zwinger, gerade

Dieser Rüde hat es sich auf einem Trampolin gemütlich gemacht. Beim Schlafen strecken sich Boxer gern einmal lang aus.

Vom kleinen Knautschgesicht zur großen Samtschnauze

Der acht Wochen alte Boxer beobachtet seine Umgebung neugierig. In den ersten Tagen brauchen Welpen viel Ruhe und Zeit, um ihr neues Heim zu erkunden.

in einem turbulenten Haushalt, ein prima Rückzugsort für den Boxer sein. Denn genauso wichtig wie Beschäftigung sind ausreichende Ruhephasen.

Ein Welpe muss natürlich zunächst schrittweise an das Alleinbleiben im Zwinger gewöhnt werden.

Die Abholung und erste Tage im neuen Heim

Wer ein Boxerbaby zu sich nach Hause holt, sollte sich in den ersten Wochen viel Zeit nehmen. Ideal wäre es, wenn Sie das Hundekind mindestens sechs Wochen lang nicht für längere Zeit allein lassen müssten. Wenn es dann endlich so weit ist und der Kleine bei Ihnen einziehen kann, sollten Sie das Abholen möglichst so planen, dass Sie noch am Vormittag oder am frühen Nachmittag zu Hause ankommen. So hat der Boxerwelpe genügend Zeit, sein neues Heim kennenzulernen, bevor die erste Nacht ohne Mutter und Geschwister naht.

Optimal ist es, wenn Sie nicht selbst fahren und sich schon auf der Fahrt um den Kleinen kümmern können. Wenn Sie zudem noch viele Pausen machen, haben Sie den Grundstein für viele weitere positiv erlebte Autofahrten gelegt.

Lassen Sie Ihren Boxerwelpen in den ersten Nächten nicht allein: Stellen Sie ein Gästebett neben seinem Schlafplatz auf oder stellen Sie sein Hundebett neben Ihr Bett. Das ist wichtig, weil der kleine Boxer Ihre Nähe braucht, und es ist auch einfach praktisch, denn so werden Sie wach, wenn er nachts ein Pfützchen machen muss, und können ihn nach draußen zu seinem Löseplatz tragen. Dort wird er gelobt, wenn das Geschäft erledigt ist. Danach dürfen Sie weiterschlafen. Wenn Sie den Welpen auch tagsüber nach jedem Fressen, Schlafen und Spielen immer sofort hinausbringen und ihn loben, wenn alles fein erledigt ist, wird er sehr schnell stubenrein werden.

Sorgen Sie in den ersten Tagen für Ruhe und vertrösten Sie alle neugierigen Freunde und Verwandten auf später. Ihr Boxerbaby wird sich dann sehr schnell an das neue Heim gewöhnen. Gut aufgezogene Boxerwelpen sind erstaunlich anpassungsfähig und haben mit der Umstellung meist überhaupt keine Probleme.

> Es ist vollkommen in Ordnung, wenn Ihnen ein Züchter, der dem Boxer-Klub München e. V. angeschlossen ist, die Ahnentafel nicht sofort bei der Abholung des Welpen aushändigt. Er wird sie Ihnen später zuschicken. Von der Wurfabnahme durch den Zuchtwart bis zum Ausstellen der Papiere durch den Verein vergeht erfahrungsgemäß immer etwas Zeit.

Grunderziehung – von Anfang an!

Wichtig ist, dass Sie, schon bevor der Boxer bei Ihnen einzieht, Regeln aufstellen, was er in Ihrem Haushalt darf und was nicht. Daran sollten sich alle Familienmitglieder halten. Welche Ge- und Verbote Sie im Einzelnen festlegen, ist ganz allein Ihre Entscheidung – lassen Sie sich dabei von Ihrem gesunden Menschenverstand leiten. Es gibt keine allgemeingültigen Richtlinien dafür, was erlaubt oder was verboten sein sollte. Boxer sind schließlich kein technisches Gerät, für das man eine Bedienungsanleitung verfassen kann, sondern anpassungsfähige Lebewesen. Wichtig ist nur, dass Sie sich von den herzerweichenden Blicken des Boxers nicht kleinkriegen lassen und konsequent auf die Einhaltung Ihrer Regeln bestehen. Konsequenz darf man allerdings keinesfalls mit Gewalt verwechseln! Die Anwendung von Gewalt ist in der Hundeerziehung niemals angebracht und der sensible Boxer kommt damit überhaupt nicht zurecht.

Es wäre übrigens ein Fehler zu denken, dass man mit der Erziehung erst nach der Eingewöhnungsphase beginnen kann. Vielmehr ersparen Sie sich Arbeit und Frust, wenn Sie dem Welpen gleich von Anfang an deutlich zeigen, was er darf und was nicht erwünscht ist.

Aus!

Als ehemaliger „Saupacker" liegt es in der Natur des Boxers, das, was er hat und haben will, nicht wieder loszulassen – ganz egal, was passiert.

Vom kleinen Knautschgesicht zur großen Samtschnauze

Andernfalls hätten seine Vorfahren nicht überleben können. Zu frühes Auslassen oder schlichtes Verbellen hätten das wehrhafte Wild nur zur Gegenwehr herausgefordert.

Wenn der Boxer das Ausgeben jedoch von klein auf als etwas Positives erlebt hat, wird er seine Beute auf das leiseste Kommando sofort freigeben.

Das Ausgeben können Sie beispielsweise mithilfe eines größeren Büffelhautknochens üben. Wenn der kleine Boxer darauf herumkaut, nehmen Sie ein Ende davon ruhig in die Hand – ohne daran zu ziehen – und halten es abwartend fest. Lässt der Welpe nun den Knochen los, sagen Sie im gleichen Moment das Hörzeichen „Aus" und loben ihn. Sofort danach (wirklich nur wenige Sekunden später!) erhält der Welpe den Knochen von Ihnen zurück. Falsch wäre es, den Knochen wegzuziehen oder ihn gar zu verstecken. Der Boxerwelpe lernt dann nämlich, dass Sie ihm die Beute streitig machen wollen, und wird beim nächsten Mal sicherlich nicht mehr so bereitwillig loslassen.

Zur Abwechslung kann man auch mal einen Tauschhandel machen. Das klappt besonders gut, wenn der Boxer etwas im Fang hat, das nicht ganz oben auf seiner Beutehitliste steht, und er das, was Sie bereithalten, viel interessanter findet. Sie können beispielsweise einen Ball gegen ein Stück Trockenpansen tauschen oder, je nach Veranlagung Ihres Hundes, auch umgekehrt. Sie werden feststellen, dass Ihr Hund das Kommando „Aus" innerhalb kurzer Zeit recht zuverlässig umsetzen wird.

Das Ausgeben muss von klein auf geübt werden. Dieser Boxer hat seine Beute bereitwillig hergegeben und wartet nun geduldig darauf, dass er sie wieder bekommt.

Allein bleiben

Gewöhnen Sie Ihren Boxer von Anfang an Schritt für Schritt an das Alleinbleiben, indem Sie die Dauer Ihrer Abwesenheit minutenweise steigern. Wichtig ist, dass Sie kommentarlos gehen und den Welpen auch nicht freudig begrüßen, wenn Sie wiederkommen. Die Situation sollte ihm ganz selbstverständlich erscheinen. Üben Sie zunächst nur dann, wenn der kleine Boxer müde ist.

Auto fahren

Hat ein Boxer schon als Welpe positive Erfahrungen im Auto gemacht, wird er auch später gern mitfahren.

Im Auto muss ein Hund immer gesichert werden. Eine Möglichkeit ist es, ihn mit einem speziellen Geschirr auf einem Sitz im Fahrgastraum anzuschnallen. Eine praktische Alternative für alle, die einen Kombi haben, ist eine fest eingebaute Box im Kofferraum. Die meisten Boxer lieben diese Höhle sehr.

Neben der Box können Sie Einkäufe oder Gepäck transportieren, ohne dass diese in der nächsten Kurve zur Gefahr für den Hund werden. Außerdem wird weitgehend verhindert, dass sich Schmutz und Haare im gesamten Auto verteilen. Ein weiterer Vorteil ist, dass der Hund im Sommer auch einmal längere Zeit bei offenem Kofferraum im Auto bleiben kann, ohne dass er hinausspringt.

Welpen und junge Boxer sollte man immer in das Auto heben und nicht springen lassen. Für ältere Boxer und für Boxer mit Gelenk- und Knochenproblemen empfiehlt sich eine Einstiegshilfe.

Sozialisation

Besonders wichtig ist die Sozialisation des Welpen. Ihr Boxer sollte unbedingt möglichst viele positive Erfahrungen mit Artgenossen sammeln. Gar keine Erfahrungen mit anderen Hunden sind negativen Erfahrungen gleichzusetzen. Unzureichend sozialisierte Boxer können sich aufgrund

Ist die Transportbox groß genug, können sich sogar zwei Boxer den sicheren und gemütlichen Platz im Auto teilen.

Vom kleinen Knautschgesicht zur großen Samtschnauze

ihres angeborenen Selbstbewusstseins leicht zu Raufern entwickeln, die Streit mit gleich großen und größeren Hunden suchen.

Optimal ist es, wenn Sie wenigstens einmal pro Woche eine gut geführte Welpenspielstunde besuchen können. Achten Sie darauf, dass Ihr Boxer mit Welpen spielt, die ihm körperlich gewachsen sind und ein ähnliches Temperament haben. Weder ein ständiges „Obendrauf" noch ein ständiges „Untendrunter" ist für die Zukunft Ihres Hundes förderlich. Manchmal ist es gar nicht so einfach, geeignete Spielkameraden zu finden, die Sorgfalt und Umsicht in der Welpenzeit zahlen sich jedoch ein ganzes Hundeleben lang aus.

Natürlich muss der Boxer auch fremde unterschiedlichste fremde Menschen kennenlernen. Diese Begegnungen sollten ebenfalls in geregelten Bahnen verlaufen, sonst schaden sie mehr, als sie nützen. Boxer sind von Natur aus kontaktfreudig. Sie neigen dazu, auf fremde Personen zuzustürmen, sie anzuspringen und ihnen erst einmal quer über das Gesicht zu lecken. Lässt man zu, dass der fremde Mensch den Boxerzwerg genauso stürmisch und freudig begrüßt, was bei so einem süßen Welpen fast immer der Fall sein wird, dann hat man es später mehr als schwer, dieses Verhalten wieder abzustellen. Wer allerdings von einem erwachsenen Boxer derart begrüßt wird, wird sicherlich nicht mehr sehr freudig reagieren! Besser ist es also, wenn die betreffenden Personen eingeweiht sind und den Boxerwelpen zurückhaltend begrüßen. Anspringen sollte ignoriert und ruhiges Beschnüffeln bestätigt werden. Einen Boxer lobt man übrigens am besten recht bedächtig – fällt das Lob ein wenig zu intensiv aus, kann es sein, dass er sofort wieder sehr ungestüm wird.

Boxerwelpen können prima miteinander toben, doch sollte man dafür sorgen, dass der kleine Boxer auch Hunde anderer Rassen kennenlernt.

Der erwachsene Boxer

Heute ist der Boxer fast ausschließlich Familienhund und Sportpartner. Sein Arbeitswille und seine Ausdauer, die ihn einst zu einem zuverlässigen Dienst- und Gebrauchshund machten, sind allerdings noch immer vorhanden. Diesem Bedürfnis muss unbedingt durch geeignete Beschäftigung entsprochen werden.

Boxer sind eine Gebrauchshunderasse

Was sind eigentlich Gebrauchshunde? Der Begriff enthält bereits die Antwort auf diese Frage: Es handelt sich um Hunde, die vom Menschen gebraucht werden. Die Einsatzgebiete und die speziell für eine jeweilige Aufgabe gezüchteten Rassen sind vielfältig. Zu den Gebrauchshunden zählen vor allen Dingen Jagdhunde, Hüte- und Treibhunde, Wach- und Schutzhunde, aber auch sogenannte Servicehunde wie beispielsweise Blindenführhunde.

Der Boxer gehört zur Gruppe der Wach- und Schutzhunde, die als Diensthunde bei Polizei, Militär und Rettungsdiensten eingesetzt werden. Boxer eignen sich für diese Aufgaben wegen ihrer Nervenstärke, ihrer Ausdauer und ihres lebhaften Temperaments, das mit einem großen Spiel- und Beutetrieb gepaart ist. Zudem sind sie sehr selbstbewusst und dennoch gut lenkbar. Alle diese Eigenschaften sollten auch dann gefordert und gefördert werden, wenn der Boxer seinen Dienst nur als Familienhund verrichtet.

Der Boxer als Diensthund

In Jena legten im Jahre 1921 drei Boxerbesitzer mit ihren Hunden die Polizeihundeprüfung ab. Dies war die Grundlage dafür, dass der Boxer drei Jahre später als Diensthund anerkannt wurde. Im Fachblatt für Gebrauchshundesport „Die Hundewelt" wurde der Boxer 1940 nach dem Airedaleterrier als eine der „brauchbarsten" Rassen aufgeführt.

Dieser geprüfte Rettungsboxer überwindet eine Leiter – dabei ist höchste Konzentration gefordert!

Inzwischen hat sich das Bild allerdings stark gewandelt. Boxer sind bei den deutschen Diensthunde führenden Behörden, also bei Polizei, Bundesgrenzschutz und Zoll, so gut wie nicht mehr anzutreffen. Im Jahre 2008 arbeitete meinen Informationen zufolge lediglich noch ein als Schutz- und Rauschgiftspürhund ausgebildeter Boxer beim Zoll. Auch der Bundesverband für Rettungshunde führt nur noch vier als Rettungshund ausgebildete und geprüfte Boxer.

Warum das so ist, lässt sich nicht eindeutig klären. Es hat wohl weniger mit den Eigenschaften des Boxers zu tun als damit, dass sich die Vorlieben der Diensthundeführer im Laufe der Jahre geändert haben.

Vielseitigkeitssport für Gebrauchshunde

Als Gebrauchshunderasse eignet sich der Boxer besonders gut für den klassischen Hundesport, den Vielseitigkeitssport für Gebrauchshunde (VPG), wobei hier wohlgemerkt unter „klassisch" die Sportart an sich zu verstehen ist und nicht etwa althergebrachte Ausbildungsmethoden!

Vielseitigkeitssport besteht aus drei Elementen: Fährtenarbeit, Unterordnung und Schutzdienst.

Bei der Fährtenarbeit folgt der Hund der Spur eines Menschen mithilfe seines äußerst gut entwickelten Geruchssinnes. Nicht nur die Leistungsfähigkeit der Nase, sondern auch die hohe Konzentrationsfähigkeit des Boxers sind für diese Aufgabe von Vorteil.

In einer Unterordnungsprüfung werden beispielsweise das freudige und korrekte Ausführen von Hörzeichen wie „Sitz", „Platz" und „Steh" und das Apportieren zu ebener Erde und über Hindernisse gefordert. Besonders wichtig ist auch, dass das Mensch-Hund-Team ein harmonisches „Bei-Fuß"-Gehen ohne Leine zeigen kann.

Beim Schutzdienst werden in erster Linie Gehorsam und Nervenstärke in Belastungssituationen geübt und natürlich auch geprüft. Diese Übungen sind gerade für einen temperamentvollen Hund wie den Boxer von Vorteil, weil er dabei lernt, sich auch in Momenten starker Erregung diszipliniert zu verhalten.

Boxer lieben dieses „Kampfspiel" und sind, wenn sie diese Sportart unter fachkundiger Anleitung ausüben dürfen, im Alltag sehr friedliche und ausgelastete Hunde.

Eine fundierte Ausbildung für Trainer und Helfer, ohne deren Anleitung kein Schutzdienst trainiert werden darf, bietet beispielsweise der Boxer-Klub München e. V. an.

Falls Sie mit Ihrem Boxer später einmal Vielseitigkeitssport betreiben wollen, sollten Sie bereits Ihren acht bis zehn Wochen alten Welpen zu Beutespielen und zum Apportieren motivieren. Lassen Sie ihn oft Spielzeug aufnehmen und tragen. Er wird an diesem Spiel sehr viel Spaß haben und vielleicht gar nicht mehr damit aufhören wollen. Ihre Aufgabe ist es deshalb, das richtige Maß zu finden. Wenn Sie den Welpen überfordern, schadet das mehr, als es nützt. Allzu wilde und lange Spiele sind weder gut für die Psyche noch für den Körperbau.

Der erwachsene Boxer

Diese rotgelbe Hündin arbeitet eine drei Stunden alte Fährte aus. Fährtenarbeit ist Kopfarbeit und kann richtig anstrengend sein.

Die Hündin apportiert freudig ein Bringholz.

Der jüngste Hund bei der Deutschen Meisterschaft im Vielseitigkeitssport 2006 war ein weißer Boxer. (Foto: Constanze Störring)

So gern dieser Boxer auch die Beute, den Schutzärmel, haben würde – er hat gelernt, sich zu beherrschen und auf das Freigabekommando zu warten.

Der Slalom ist eines der anspruchsvollsten Hindernisse beim Agility. Auch diese Aufgabe meistern Boxer mit Bravour.

Andere Hundesportarten

Boxer sind selbstverständlich auch für alle anderen modernen Hundesportarten wie Agility, Turnierhundesport und Obedience geeignet. Voraussetzung ist allerdings immer, dass der Boxer gesund ist und Sie selbst ebenfalls Freude an diesen sportlichen Betätigungen haben. Generell sollte man bis zum Ende des körperlichen Wachstums, also bis zum Ende des ersten Lebensjahres warten, bevor man Hindernisse wie Sprünge, eine steile Schrägwand oder den Slalom trainiert. Die noch nicht vollständig entwickelten Knochen, Gelenke und Bänder können sonst Schaden nehmen.

Den erwachsenen Boxer sollte man vor dem Trainieren einer Sportart wie Agility, bei der es um viele Sprünge, harte Stopps und schnelle Wendungen geht, unbedingt gut aufwärmen, und auch nach dem Training sollte sich eine Abkühlungsphase anschließen, bevor der Hund zurück auf seinen Liegeplatz geht. So lassen sich Verletzungen vermeiden.

Ganz egal, für welche Sportart Sie sich entscheiden, Ihr Boxer wird Ihnen die gemeinsame Beschäftigung danken.

Beschäftigung zu Hause und unterwegs

Neben den vorgenannten Hundesportarten gibt es noch eine Vielzahl weiterer Möglichkeiten, den Boxer körperlich und geistig zu fordern.

Fahrrad fahren

Am Fahrrad sollte ein Boxer erst laufen, wenn er körperlich ausgewachsen ist, also frühestens ab dem Alter von einem Jahr. Dann können Sie mit ihm sogar ein richtiges Fitnesstraining beginnen. Drei mal fünf Minuten gleichmäßiger Trab, unterbrochen von jeweils zehnminütigen Gehpausen (insgesamt 45 Minuten), sind ein guter Anfang für einen noch untrainierten Boxer. Steigern Sie das Training allmählich, sodass Ihr Boxer später einmal 30 bis 45 Minuten neben dem Rad traben kann. Wenn möglich sollten Sie den Boxer immer im Brustgeschirr führen und darauf achten, dass er auf weichem, federndem Untergrund läuft. Denken Sie auch daran, Ihren Hund vor dem Fahrradtraining aufzuwärmen.

Genauso wichtig wie ein zielgerichteter Trainingsaufbau ist übrigens das langsame Herunterfahren des Trainings, zum Beispiel, weil Sie im Winter pausieren möchten.

Schwimmen

„Der Boxer liebt das Wasser mit ganzer Leidenschaft …", heißt es schon im Standard von 1902, und das gilt auch noch heute. Boxer gehen bis auf wenige Ausnahmen sehr gern ins Wasser. Einige sind, wenn man sie lässt, sogar richtige „Eisbader". Wer einen solchen Boxer hat, sollte im Winter allerdings darauf achten, dass dieser nach dem Sprung ins Wasser auf dem gesamten Heimweg immer in Bewegung bleibt, sonst wird er sich mit ziemlicher Sicherheit erkälten.

In der warmen Jahreszeit sind Schwimmen und Wassertreten zudem gute Möglichkeiten für ein

Die meisten Boxer sind richtige Wasserratten und schwimmen gern.

Konditionstraining. Training im Wasser ist durch den vorhandenen Auftrieb sehr schonend und deshalb – nach Absprache mit dem Tierarzt – sogar meist für Hunde mit Erkrankungen des Bewegungsapparates geeignet. Gleichzeitig ist es durch den stärkeren Widerstand des Wassers auch sehr effektiv. Fangen Sie mit drei mal sechs Minuten Schwimmen an, unterbrochen von jeweils vierminütigen Pausen, und steigern Sie das Training langsam, bis der Boxer 18 Minuten am Stück schwimmen kann. Diese Trainingszeit kann eine Stunde Laufen neben dem Rad ersetzen!

Spazieren gehen

Wenigstens drei Spaziergänge sollten zum täglichen Programm gehören, sodass der Boxer insgesamt etwa zwei Stunden unterwegs ist. Er sollte dabei möglichst frei laufen können, da Spaziergänge an der Leine den Hund wesentlich weniger fordern würden. Ohne Leine läuft ein Hund durch ständiges Vor und Zurück, Hin und Her leicht die drei- bis vierfache Strecke wie der Mensch. Schön ist es, wenn Sie den Spaziergang zudem noch abwechslungsreich gestalten. Lassen Sie sich etwas einfallen!

Sozialkontakte mit anderen Hunden

Keine gute Idee ist es, mit dem Boxer ein Hundeauslaufgebiet aufzusuchen und ihn dort einfach abzuleinen, ganz nach dem Motto: Nun amüsiere dich mal schön und tobe dich aus, ich unterhalte mich derweil mit dem netten Labradorfrauchen. Solche unkontrollierten Begegnungen in Gruppen schaden mehr, als sie nützen.

Boxer pflegen andere Hunde in Grund und Boden zu spielen. Sie spielen mit sehr viel Körperkontakt und Kraft, wobei grobe Rempler keine Seltenheit sind. Viele Hunde empfinden dieses „Auf-die-Pelle-Rücken" oder das stürmische „Auf-sie-Losrennen" als äußerst unhöflich, da sie es selbst nicht kennen und nicht tun würden. Zudem sprechen Boxer eine sehr dominante Körpersprache. In der Bewegung wird die Rute selbstbewusst hoch getragen. Wenn der Boxer nicht rennt, dann trabt er relativ steifbeinig und mit erhobenem Kopf, wobei naturgemäß auch noch Falten auf seiner Stirn stehen. Von Hunden, die Boxer nicht kennen, wird das als massive Drohgebärde aufgefasst. Viele reagieren deshalb ängstlich oder gar aus Angst aggressiv, wenn sie auf einen Boxer treffen, was bei unsicheren Boxern ebenfalls aggressives Verhalten auslösen kann.

Suchen Sie deshalb nach geeigneten Spielkameraden, die Ihrem Boxer körperlich gewachsen sind, und treffen Sie sich gezielt mit diesen, sonst sind Frust und Ärger vorprogrammiert.

Ein ungleiches Paar: Der Weiße Schäferhund und der Boxer können gute Spielkameraden werden, wenn sie lernen, einander zu verstehen.

Futterspiele

Es trägt viel zur Zufriedenheit des Boxers bei, wenn er sein Futter nicht einfach im Napf vorgesetzt bekommt, sondern es sich jeden Tag aufs Neue erarbeiten muss. Dazu gibt es unzählige Möglichkeiten und Ihrer Kreativität sind fast keine Grenzen gesetzt.

Sie können das Futter beispielsweise in eigens dafür bestimmte Hundespielzeuge füllen. Je nach Art des Spielzeugs ist es für Ihren Boxer dann mehr oder weniger schwierig, das Futter wieder herauszuholen. Im Handel finden Sie eine breite Palette solcher Spielzeuge; achten Sie bei der Auswahl aber darauf, dass es sich um ein hochwertiges und sehr stabiles Produkt handelt, denn aufgrund seiner Beißkraft verspeist der Boxer sonst nicht nur die Füllung, sondern auch noch die Hülle.

Natürlich können Sie das Futter auch einfach so im Haus verstecken und den Boxer danach suchen lassen.

Mithilfe eines Futterbeutels lassen sich Futterspiele leicht auf Spaziergängen einbauen. Der Beutel muss so beschaffen sein, dass der Hund ihn nicht selbst öffnen kann. Nur wenn er Ihnen den Beutel bringt, kann er an sein Futter gelangen, denn nur Sie können den Beutel öffnen. So lernt der Boxer, wie wichtig es ist, mit Ihnen zusammenzuarbeiten. Wenn er immer nur einen kleinen Teil des Beutelinhalts fressen darf, können Sie sich der ungeteilten Aufmerksamkeit Ihres Boxers sicher sein. Den Futterbeutel können Sie für die verschiedensten Such- und Apportierspiele einsetzen.

Kopfarbeit

Boxer sind intelligente Hunde und brauchen deshalb nicht nur Bewegung, sondern zusätzlich noch ein wenig Gehirnjogging. Köpfchen ist bei vielen der schon beschriebenen Aufgaben gefragt, beispielsweise bei der Fährtenarbeit oder bei Suchspielen. Beides fordert den Boxer nicht nur körperlich, sondern auch geistig.

Das Erlernen immer neuer Tricks ist eine weitere Beschäftigungsmöglichkeit, die dem

Einfach mal nur Ball spielen muss auch sein.

Der erwachsene Boxer

lernfreudigen Boxer viel Spaß machen wird. Gerade bei schlechtem Wetter ist es eine gute Alternative, einen Teil des Spaziergangs durch Tricktraining im warmen Wohnzimmer zu ersetzen. Wenn Sie Tricks albern finden, dann können Sie ihrem Boxer auch einfach Hilfstätigkeiten im Haushalt beibringen. Er kann beispielsweise Körbe tragen oder beim Einräumen der Waschmaschine helfen – lassen Sie Ihrer Fantasie freien Lauf.

So viel Abwechslung im Alltag wird nicht nur Ihrem Hund, sondern auch Ihnen selbst viel Spaß machen. Übertreiben sollten Sie es mit dem Denksport allerdings nicht. Einfach nur mal so miteinander Ball spielen muss auch sein. Jeden Tag ein ausgefeiltes Animationsprogramm abzuarbeiten ist genauso übertrieben wie ständige gähnende Langeweile.

Der Clicker – ein kleiner Knackfrosch – ist ein bewährtes Hilfsmittel in der Hundeausbildung. Nachdem Ihr Boxer auf das prägnante Geräusch konditioniert wurde, wird er das Klicken als Signal dafür verstehen, dass er gerade richtig gehandelt hat und ihn eine Belohnung erwartet. Wer den Einsatz des Clickers beherrscht, kann seinem Hund in kurzer Zeit auch komplexe Dinge beibringen, ganz egal, ob es sich dabei um Tricks oder um Elemente aus dem Hundesport handelt. Ein Grundgedanke des Clickertrainings ist es, dass der Hund sich die gewünschte Übung selbst erarbeitet. Das bewirkt, dass er das Gelernte später sehr zuverlässig und freudig ausführt.

Lassen Sie den Boxer doch Ihren Einkaufskorb tragen.

Kann der Boxer sich nicht durch Bewegung warm halten, ist ein Hundemantel bei sehr kühlen Temperaturen sinnvoll.

Bei jedem Wetter aktiv?

Grundsätzlich ist diese Frage mit einem Ja zu beantworten, dennoch sollte man einige Dinge beachten.

Auf Hitze reagieren Boxer etwas empfindlich. Nehmen Sie im Hochsommer darauf Rücksicht und verlegen Sie Spaziergänge am besten in die kühleren Morgen- und Abendstunden. In der warmen Jahreszeit ist es zudem sehr wichtig, dass der Boxer beim Aufenthalt im Freien jederzeit einen schattigen und kühlen Platz aufsuchen kann.

Boxer haben kein wärmendes Unterfell und sollten bei Kälte immer die Möglichkeit haben, sich durch Bewegung warm zu halten, sonst erkälten sie sich leicht. „Platz und Bleib" oder ähnliche Übungen sollte man bei gefrorenem Untergrund nur für sehr kurze Zeit verlangen; am besten verzichtet man sogar ganz darauf. Muss der Boxer dennoch einmal für eine Weile ohne Bewegung draußen bleiben, ist es nicht albern, sondern sehr sinnvoll, ihm für diese Zeit einen wärmenden Hundemantel anzuziehen. Dieser sollte so beschaffen sein, dass sowohl die großen Muskelgruppen der Gliedmaßen als auch Brust- und Bauchbereich bedeckt sind.

Falls Ihr Boxer auch im Winter zeitweise draußen im Garten oder im Zwinger lebt, müssen Sie daran denken, dass er eine besonders warm ausgestattete Hütte braucht.

Selbstverständlich muss man auch bei Regenwetter zusammen nach draußen, wenngleich sich so mancher Boxer stattdessen lieber auf das Sofa lümmeln würde. Wenn man von einem Regenspaziergang zurückkommt, sollte sich der Hund vor dem Betreten des Hauses noch einmal schütteln. Selbst aus dem kurzen Boxerfell wird dabei eine Menge Feuchtigkeit herausgeschleudert, die ja nicht unbedingt in Ihrem Hausflur landen muss. Praktisch ist es auch, wenn ein paar Handtücher griffbereit sind. Damit kann man Fell und Pfoten trocken reiben und von grobem Schmutz befreien – schon ist der Boxer wieder wohnzimmertauglich. Hat man den Hund von klein auf an diese Maßnahmen gewöhnt, wird es dabei keine Schwierigkeiten geben.

Ausstellungen

Vielleicht haben Sie ja Lust, Ihren Boxer einmal auf einer der vielen jährlich stattfindenden Ausstellungen und Zuchtschauen zu präsentieren. Ausstellungen sind sinnvoll, denn wo sonst kann man schon so viele Boxer auf einmal miteinander vergleichen!

Bei einer Ausstellung werden die Boxer in verschiedenen Klassen vorgestellt, getrennt nach Geschlechtern und den beiden Farbschlägen Gelb und Gestromt. Beurteilt werden vor allem das Aussehen von Kopf und Gebäude, Augen und Zähnen sowie die Winkelungen der Gelenke und das Gangwerk.

Damit er im Ring eine gute Figur macht, muss Ihr Boxer leinenführig und gehorsam sein. Zudem ist es wichtig, dass er im Allgemeinen relativ stressresistent ist, denn so eine Ausstellung ist auch für die Hunde ziemlich aufregend. Auf gleichgeschlechtliche Hunde sollte Ihr Boxer gelassen reagieren und sie in seiner Nähe akzeptieren.

Bei Ausstellungen sieht man sehr oft, wie außerhalb des Rings stehende Helfer versuchen, den Boxer im Ring zu animieren. Da werden Beißwürste geschwenkt, „Quietschies" gedrückt und reichlich Faxen gemacht, mit dem Ziel, dass der Hund für die Beurteilung der Winkelung der Gelenke so optimal wie möglich steht. Das ist für den präsentierten Boxer jedoch nicht unbedingt von Vorteil, da er sich zu sehr in die Leine hängt, wodurch die Hinterhand zu stark überstreckt wird. Am besten ist es, wenn Ihr Boxer vorher gelernt hat, sich im Ring aufzubauen und ruhig zu stehen, wobei die Leine lose durchhängen sollte.

Für die Beurteilung des Gangwerkes sollten Sie Ihrem Hund beigebracht haben, im besten raumgreifenden Trab neben Ihnen herzulaufen und sich nicht von vor und hinter ihm laufenden Hunden irritieren zu lassen.

Auch das Vorführen des Gebisses muss trainiert werden. Bei der Gebisskontrolle werden der Zahnstand und der Vorbiss kontrolliert. Dazu ist es erforderlich, dass Sie Ihrem Boxer mit einer Hand die Lefzen des Oberkiefers hochziehen und mit der anderen Hand den Kinnsaum am Unterkiefer hinunterdrücken können.

Bei Rüden kommt dann noch das Abtasten der Hoden durch den Richter hinzu, das der Hund unbedingt schon kennen sollte. Es ist zwar harmlos, aber doch mehr als peinlich, wenn der Boxerrüde aus Angst, weil ihn zum ersten Mal ein Fremder in dieser doch sehr privaten Region berührt, auf die Hand des Richters uriniert.

Checkliste für die Hundeausstellung

Neben Ihrem gut gepflegten Boxer und viel Geduld sollten Sie folgende Utensilien dabeihaben:
• dünnes, eingliedriges Kettenhalsband
• dünne Leine
• Wasser und Trinknapf
• Decke
• stabile Hundebox
• gültige Ahnentafel
• Impfpass

Hier klappt das Stehen gut, die rotgelbe Boxerhündin steht an lockerer Leine.

Die beiden Boxerhündinnen haben gerade viel Spaß miteinander.

Haltung von mehreren Hunden

Was ist besser als ein Boxer? Sie ahnen es sicher schon – zwei Boxer! Doch bevor Sie nun sofort zur Tat schreiten, gibt es noch einiges zu bedenken.

Zwei Boxer verlangen das Doppelte an Zeit und Zuwendung. Es ist ein Trugschluss zu glauben, dass die beiden sich miteinander ausreichend beschäftigen werden. Jeder braucht seine Menschen, und die Erziehung und Ausbildung geht auch nur einzeln wirklich voran. Zwei Hunde bringen die doppelte Menge Schmutz mit in das Haus und kosten auch das Doppelte. Zwei Boxer machen aber auch die doppelte Freude. Nichts ist schöner, als zwei oder mehrere Boxer miteinander toben zu sehen!

Wenn Sie sich nach reiflicher Überlegung für einen zweiten Boxer entschieden haben, dann bleibt lediglich noch zu überlegen, wann und in welcher Geschlechterkombination Sie Ihr Boxerrudel erweitern. Ihr erster Boxer sollte beim Einzug eines weiteren Boxers bereits die Pubertät hinter sich haben und schon recht gut erzogen sein. Denn auch wenn die Bindung zu Ihnen gut ist, werden die beiden Hunde sich doch sehr stark aneinander orientieren, und besonders Unarten werden ganz schnell übernommen.

Wer zum ersten Mal mehr als einen Hund halten möchte, ist meiner Erfahrung nach mit dem oft empfohlenen Pärchen aus Rüde und Hündin nicht gut beraten, denn beide Geschlechter zusammen ergeben nach außen hin immer ein richtiges Rudel. Aufgrund des beim Boxer recht ausgeprägten Territorialverhaltens kann dies bei Begegnungen mit anderen Hunden zum Problem werden, weil die Hündin den Rüden oftmals zur Klärung der Revieransprüche voranschicken wird. Dazu kommen noch die zweimal im Jahr auftretenden Läufigkeiten der Hündin. In dieser Zeit müssen Sie die Hunde räumlich trennen, was sich nicht selten als schwierig erweist. Leichter hat man es mit den Kombinationen Hündin und Hündin oder Rüde und Rüde.

Wenn nun zu Ihrem erwachsenen, gut erzogenen Boxer ein Boxerwelpe ins Haus kommt, steht dem doppelten Boxerglück nichts mehr im Wege. Damit das auch auf lange Sicht so bleibt, sollten Sie anfangs mit jedem Hund einzeln spazieren gehen. So wird es Ihnen gelingen, zu dem Neuling ebenfalls eine gute Bindung aufzubauen. Andernfalls bestünde die Gefahr, dass die Bindung zwischen den Hunden enger würde als die Bindung der Hunde zu Ihnen. Außerdem wird ein junger Boxer unselbstständig, wenn er immer nur mit seinem großen Kumpel unterwegs ist. Es kann dann später problematisch werden, wenn man aus den verschiedensten Gründen einmal nicht mit beiden zusammen losgehen kann.

Der ältere Boxer

Statistisch gesehen werden Boxer etwa zehn Jahre alt, immer öfter trifft man aber auch noch ältere Boxer. Sogar fitte 16-Jährige hat es schon gegeben.

Im Alter haben Boxer besonders liebenswerte Grauschnauzengesichter – vor allem die schwarze Maske, aber auch das restliche Gesicht ist ergraut. Alte Boxer benehmen sich würdevoll, und manchmal hat man den Eindruck, dass sie tatsächlich der menschlichen Sprache mächtig sind. Sie scheinen wirklich jedes Wort zu verstehen, da sie in all den Jahren gelernt haben, auch die kleinsten Gesten und Bewegungen ihrer Menschenfamilie richtig zu deuten. Kommt allerdings ein Spielzeug zum Vorschein, ist die ganze Würde plötzlich vergessen und der alte Boxer benimmt sich für kurze Zeit wieder wie ein junger Hund.

Irgendwann kommt dann leider auch der Tag des Abschieds, und wer schon einmal eine enge Beziehung zu einem Tier hatte, weiß, wie schwer das ist. Doch der Tod gehört nun einmal zum Kreislauf des Lebens, und wenn dieses Leben ein erfülltes Boxerleben war, dann wird die Trauer irgendwann der Erinnerung an all die schönen gemeinsamen Erlebnisse mit dem Freund auf vier Pfoten weichen. Schon bald zieht dann wahrscheinlich wieder ein Hundebaby ein, und es gilt natürlich der unter Boxerleuten gängige Spruch:

„Einmal Boxer – immer Boxer!"

Der erwachsene Boxer

Ältere Boxer strahlen viel Würde aus und haben liebenswerte Grauschnauzen.

Pflege, Ernährung und Gesundheit

Boxer sind im Grunde pflegeleicht und robust. Trotzdem ist es wichtig zu wissen, worauf man achten muss, damit der Boxer ein langes und gesundes Leben führen kann. Hier finden Sie zahlreiche Tipps für die richtige Pflege und Ernährung sowie ausführliche Informationen zu boxerspezifischen Krankheiten.

Pflege, Ernährung und Gesundheit

Pflege muss regelmäßig sein

Die Pflege dient nicht nur dem schönen und sauberen Erscheinungsbild. Wer seinen Boxer regelmäßig pflegt, wird auch eventuell vorhandene kleine Verletzungen, Plagegeister wie beispielsweise Zecken, und ähnliche Probleme meist recht frühzeitig erkennen und rechtzeitig entsprechende Maßnahmen ergreifen können.

Fellpflege

Die Pflege des kurzen Boxerfells ist glücklicherweise nicht sehr aufwendig. Einmal pro Woche bürsten reicht völlig aus. Mit einer guten Naturhaarbürste lassen sich Staub und lose Haare bestens entfernen und das Fell bekommt einen tollen Glanz. Während des Fellwechsels (Frühjahr und Herbst) empfiehlt es sich, zusätzlich einen Gummistriegel zu verwenden. Mit diesem wird vorgebürstet, auch einmal gegen den Strich, und anschließend mit der Naturhaarbürste hinterher – fertig!

Eine Naturhaarbürste eignet sich gut zur Pflege des kurzen Boxerfells.

Ohren

Bei Bedarf sollte man die Ohren mit einem milden Ohrreiniger aus dem Fachhandel säubern. Wie häufig dies notwendig ist, hängt vom jeweiligen Hund ab. Manche Boxer neigen zu vermehrter Ohrenschmalzproduktion, während andere immer saubere Ohren haben. Wattestäbchen dürfen auf keinen Fall im Boxerohr verwendet werden; die Verletzungsgefahr ist zu groß.

Wichtig ist auch das Abtrocknen und Auswischen der Ohren nach dem Baden und Schwimmen. Denn trotz ausgiebigen Schüttelns bleibt dort immer noch Nässe zurück, die zu einer Ohrenentzündung führen kann.

Pfoten

Sind die Krallen Ihres Boxers zu lang, müssen sie mit einer speziellen Zange aus dem Tierbedarf gekürzt werden. Als Faustregel gilt: Wenn die Pfote den Boden berührt, sollte noch ein Centstück unter die Krallen passen. Achten Sie darauf, nicht in den durchbluteten Teil zu schneiden. Bei hellen Krallen ist dieser recht gut zu sehen, bei dunklen wird es schon schwieriger. Im Zweifelsfall sollte man sich das richtige Vorgehen lieber vom Tierarzt zeigen lassen!

Ballen und Zehenzwischenräume bedürfen regelmäßiger Kontrolle, weil eingetretene Steinchen oder Grannen sonst zu Entzündungen führen können. Im Winter sollten Sie die Ballen mit einem geeigneten Pflegeöl vor Streusalz schützen.

Maulhygiene

Zahnpflege ist auch bei Hunden ein Muss! Regelmäßiges Zähneputzen mit Hundezahnpasta verhindert die Bildung von Zahnstein, der andernfalls vom Tierarzt unter Narkose entfernt werden müsste. Ein von klein auf daran gewöhnter Boxer wird diese Prozedur zwar nicht lieben, wird sie aber mit Leidensmiene über sich ergehen lassen; und da Sie ihm damit tatsächliches Leid ersparen können, sollten Sie über seine Mitleid heischenden Blicke einfach hinwegsehen.

Boxer sind reinlich und mögen es gern sauber. Das gilt auch für ihre Schnauze. Wenn Sie verhindern wollen, dass Ihr Boxer das Säubern seines Maules selbst erledigt und dazu Ihr Hosenbein oder Ihr Sofa verwendet, hilft nur eines: Sie müssen ihm die Lefzen direkt nach dem Fressen mit einem Tuch abwischen.

Baden

Im Normalfall muss ein Boxer sein ganzes Leben lang nicht gebadet werden. Wenn es sich doch einmal nicht vermeiden lässt, sollte man handwarmes Wasser und ein spezielles Hundeshampoo verwenden, das die Fettschicht, die Haut und Haare vor Feuchtigkeit und Schmutz schützt, nicht zerstört. In der warmen Jahreszeit verlegt man das Duschbad am besten nach draußen in den Garten. Muss man den Boxer drinnen baden, sollte eine rutschfeste Unterlage in der Wanne ebenso selbstverständlich sein wie gründliches Abtrocknen. Wenn es draußen kalt ist, sollte der Boxer nach einer Dusche mindestens zwei Stunden im Haus bleiben.

Schutz vor Krankheiten und Ungeziefer

Wie jeder andere Hund auch sollten Boxer regelmäßig entwurmt und geimpft sowie gegen Ungeziefer wie Zecken und Flöhe geschützt werden. Ihr Tierarzt wird Sie darüber gern ausführlich informieren.

Ein notwendiges Duschbad kann man im Sommer nach draußen verlegen.

Pflege, Ernährung und Gesundheit

Die Ernährung – Fundament der Gesundheit

Jederzeit frei verfügbares frisches Wasser und eine ausgewogene Ernährung, das heißt die Versorgung mit allen notwendigen Nährstoffen, Vitaminen und Mineralstoffen, sollten für jeden Hund selbstverständlich sein.

Die Nahrung des Boxers besteht idealerweise zu einem großen Teil aus Fleisch als Proteinquelle und wird durch hochverdauliche Ballaststoffe (Gemüse und Getreide, geeignet ist beispielsweise Reis) ergänzt. Achten Sie unbedingt darauf, dass eine hochwertige Fettquelle enthalten ist, denn der Boxer hat sehr viel mehr Muskelmasse und weniger körpereigene Fettmasse als vergleichbar große Hunderassen. Geeignete Fettquellen sind beispielsweise Geflügelfett sowie Omega-3-Fettsäuren (aus pflanzlichen Quellen, meist Leinsamen) oder Omega-6-Fettsäuren (aus tierischen Quellen, meist Fisch).

Frischfutter

Ob Sie lieber Frischkost oder Fertigfutter füttern, hängt ganz von Ihren eigenen Vorstellungen und Gewohnheiten ab. Die Kosten spielen dabei keine Rolle, denn frisch zubereitete Nahrung ist meist nicht teurer als ein gutes Fertigfutter.

Ich selbst füttere schon mehrere Jahre Frischfutter und habe damit bei meinen Boxern die besten Erfahrungen gemacht. Der häufig zu hörende

Hier schmeckt es allen! Die Futternäpfe könnten noch ein wenig niedriger hängen. Sie sind hier in dieser Höhe angebracht, damit die Hunde sich nicht hinunterbeugen müssen und ihre Gelenke schonen.

Einwand, dass der Hund bei selbst zubereiteter Nahrung nicht alle erforderlichen Nährstoffe bekommt, brauchen Sie nicht zu verunsichern. Hunde brauchen nicht jeden Tag absolut ausgewogene Mahlzeiten, es reicht, wenn die Bilanz innerhalb eines Zeitraumes von mehreren Wochen stimmt, und das lässt sich ohne Schwierigkeiten erreichen. Wenn es Ihrem Boxer schmeckt, er sich wohlfühlt und keine allzu großen Haufen hinterlässt, füttern Sie ihn richtig.

Für den Boxer geeignete Nahrungsmittel sind Muskelfleisch und Innereien vom Rind, Geflügel, Lamm und Pferd. Auch Fisch (bitte nur grätenfreie Filets) wird gern gefressen. Wild ist ebenfalls geeignet, aber nur wenn es sich nicht um Wildschweinfleisch handelt. Schweinefleisch (besonders roh!) sollte für Hunde absolut tabu sein, da es möglicherweise mit dem Virus für die Aujeszkysche Krankheit belastet ist, die für den Menschen zwar ungefährlich, für Hunde jedoch tödlich ist. Ebenfalls tabu sind gekochte oder gebratene Knochen, ganz besonders Geflügelknochen. Diese splittern leicht und bergen ein enorm hohes Verletzungsrisiko.

Ergänzend können Sie Hüttenkäse, Magerjoghurt und Eier, Gemüse wie Möhren, Reis und Haferflocken sowie Obst (besonders Äpfel und Bananen) füttern. Auch gekochte Kartoffeln und Nudeln kann man immer mal wieder anbieten. Öl sowie Kräuter und Mineralstoffmischungen runden die Versorgung ab.

Achten Sie darauf, das Futter immer handwarm, also nie direkt aus dem Kühlschrank heraus, zu verfüttern.

Fertigfutter

Der Futtermittelmarkt ist riesig und bietet eine breite Produktpalette. Inzwischen gibt es sogar auf einzelne Rassen, auch speziell auf Boxer, abgestimmtes Futter. Entscheiden Sie sich für ein hochwertiges Futtermittel, das nicht aus Abfallprodukten besteht. Auf der Verpackung von qualitativ gutem Hundefutter ist nicht einfach von „Fleisch oder tierischen Nebenerzeugnissen" die Rede, sondern die einzelnen Bestandteile werden genau aufgelistet. Geschmacksverstärker und Duftstoffe sollten nicht enthalten sein. Sie können nicht nur die Zähne schädigen (Zucker!), sondern verleiten zur ungezügelten Nahrungsaufnahme, wodurch die Gefahr wächst, dass Ihr Boxer irgendwann zu dick wird. Konservierungsstoffe könnten ebenfalls Probleme bereiten, denn manche Boxer reagieren darauf allergisch. Die Futterbrocken sollten nicht zu klein sein, sondern so groß, dass der Boxer kauen muss, sonst wird er sie mehr inhalieren als fressen.

Unterschiede in der Ernährung von jungen und alten Boxern

Viele Boxerwelpen sind im neuen Zuhause anfangs sehr mäkelig und haben keinen richtigen Appetit. Das hat, falls keine ernste Erkrankung vorliegt, eine einfache Ursache: Der Futterneid der Geschwister fehlt. Viele frischgebackene Boxerbesitzer machen nun den Fehler und füttern ihren Liebling mit etwas ganz Besonderem oder bieten den Futternapf ständig wieder an. Selbst Fütterungen mit dem Löffel sind mir schon zu Ohren gekommen. Das ist

Pflege, Ernährung und Gesundheit

Wenn man kein Fertigfutter füttert, sollte die Mischung aus geeignetem Gemüse, Getreide und Fleisch im Laufe eines Boxerlebens wie folgt angepasst werden:

	Anteil Gemüse, Getreide	Anteil Fleisch
Junghunde	ein Teil	zwei Teile
Erwachsene	ein Teil	ein Teil
Senioren	zwei Teile	ein Teil

Auch wenn sie nach wie vor gern spielen, lassen es ältere Boxer im Allgemeinen ruhiger angehen und brauchen deshalb ballaststoffreicheres Futter.

nicht gut, denn so erzieht man sich einen schlechten und wählerischen Fresser. Seien Sie unbesorgt, es ist noch kein gesunder Boxer verhungert! Lässt man einfach mal ein oder zwei Mahlzeiten aus, wird bei der nächsten umso mehr zugelangt.

Der Eiweiß- und Energiebedarf eines acht Wochen alten Boxerwelpen ist, bezogen auf sein Körpergewicht, doppelt so groß wie der eines erwachsenen Boxers. Dementsprechend energiereich ist auch Fertigfutter für Welpen. Es ist daher ratsam, den kleinen Boxer ab einem Alter von etwa drei Monaten, spätestens aber mit einem halben Jahr auf Nahrung für erwachsene Hunde umzustellen. Boxer sind relativ große Hunde und wachsen oft zu schnell, wenn sie zu lange zu energiereich ernährt werden. Dies hat negative Folgen für die Entwicklung von Knochen und Gelenken.

Die tägliche Futterration sollte für Welpen bis zum Alter von drei Monaten auf vier Mahlzeiten verteilt werden. Danach füttert man bis zu einem Alter von sechs Monaten täglich drei Mahlzeiten, und das restliche Boxerleben lang reichen zwei Mahlzeiten pro Tag.

Als Senior kann man einen Boxer ab dem siebten Lebensjahr bezeichnen. Umgerechnet auf das menschliche Alter ist er zu diesem Zeitpunkt etwa 65 Jahre alt. Als Rentner bewegt er sich naturgemäß etwas weniger und sollte aus diesem Grund mit weniger Fleisch und dafür mit mehr Gemüse und Getreide, also mehr Ballaststoffen gefüttert werden. Das beugt Verstopfungen vor, die mit der Verringerung der Bewegung einhergehen können.

Vorsicht, Magendrehung!

Das Risiko einer Magendrehung ist beim Boxer als relativ großer Rasse leider vorhanden. Das Füttern von nur einer einzigen Mahlzeit pro Tag, vor allem wenn es sich dabei um große Mengen Trockenfutter handelt, gilt als häufige Ursache. Der Magen wird dadurch für einige Zeit so schwer, dass sich die Haltebänder, die ihn fixieren, ausdehnen und immer lockerer werden. Der sowieso schon sehr bewegliche Hundemagen kann sich dann leicht drehen. Geschieht dies, werden Magenein- und -ausgang verschlossen. Der Magen gast in der Folge auf, was man am deutlichen Hervortreten der letzten Rippenpaare erkennt. Der tonnenförmig gewölbte Bauch ist hart, die Bauchdecke gespannt. Starke Unruhe und ein Würgereiz ohne Erbrechen sind weitere Symptome. Hinzu kommen eine Verschlechterung der Kreislaufsituation, die man an den bläulich werdenden Schleimhäuten und einem schwachen Puls erkennt, und eine flache, schnelle Atmung.

Eine Magendrehung ist ein absoluter Notfall! Nur eine sofortige Operation kann den Hund retten!

Damit es dazu gar nicht erst kommt, sollte man die Futterration des erwachsenen Boxers auf zwei Mahlzeiten pro Tag aufteilen und ihn nach dem Fressen wenigstens eine Stunde ruhen lassen. Auch Aufregung und Stress sollte unmittelbar vor und nach der Fütterung möglichst vermieden werden.

Die Gesundheit – Fundament des Wesens

Nur ein gesunder Boxer wird letztlich der Traumhund sein können, den man sich immer gewünscht hat. Nicht nur Menschen, auch Hunde werden knurrig und unleidlich, wenn es ihnen nicht gut geht. Sie können vieles dafür tun, dass Ihr Boxer gesund bleibt. Dennoch ist es wichtig zu wissen, mit welchen Gesundheitsproblemen man bei dieser Rasse rechnen muss.

Augen

Boxer haben meist etwas hinunterhängende untere Augenlider, sogenannte offene Augen, die gegenüber Zugluft besonders empfindlich sind. Diese kann beim Boxer leicht zu einer Bindehautentzündung führen, die man daran erkennt, dass das Auge fortwährend tränt. Anfangs ist der

Pflege, Ernährung und Gesundheit

Ausfluss noch klar, bei länger anhaltender Entzündung wird er eitrig. Die Bindehaut ist stark gerötet und geschwollen. Zudem versucht der Boxer, den Juckreiz durch Reiben mit der Pfote oder Reiben der Augen an Gegenständen zu mildern. Eine Bindehautentzündung sollte immer vom Tierarzt behandelt werden, der eine Salbe oder Augentropfen verschreiben wird. Damit ist das Problem meist schnell wieder vergessen.

Salbe oder Tropfen lassen sich am besten in das Boxerauge einbringen, indem die Hand, die das Medikament hält, auf dem Kopf abgestützt wird, sodass man das Auge auch bei einer plötzlichen Bewegung des Hundes nicht verletzen kann. Die andere Hand hält den Kopf und zieht das Augenlid herunter.

Ein wenig klarer Augenausfluss ist übrigens völlig normal und sollte regelmäßig mit einem weichen Tuch entfernt werden.

Bei diesem Welpen sind die sogenannten „offenen Augen" gut zu erkennen.

Haut und Haare

Auch beim Boxer ist die Haut das flächenmäßig größte Organ. Am Zustand von Haut und Haaren lässt sich der aktuelle Gesundheitszustand meist sehr rasch ablesen. Der gesunde Boxer hat ein anliegendes kurzes Fell, das bei Sonnenschein besonders schön glänzt.

Gesunde Haut wirkt weder trocken noch fettig und ist elastisch (zieht man eine Hautfalte hoch und lässt dann wieder los, glättet sich die Haut sofort wieder). Die Hautfarbe, Hell oder Dunkel, hängt von dem vorherrschenden Pigmenttyp ab.

Falls das Fell struppig und glanzlos wirkt oder Sie gerötete, schuppige oder haarlose Stellen entdecken, muss unbedingt geklärt werden, was dahintersteckt. Mögliche Ursachen sind beispielsweise Allergien. Einige Boxer reagieren allergisch auf bestimmte Umwelteinflüsse. Bekannt sind Allergien auf Floh- und andere Insektenstiche, auf Milben oder auch auf bestimmte Arzneimittel (besonders kortisonhaltige Produkte).

Es ist leider eine Tatsache, dass Boxer besonders im höheren Alter anfällig für eine Art Hautkrebs, sogenannte Mastzellentumoren, sind. Hierbei handelt es sich um Wucherungen von Gewebsmastzellen, deren Aussehen recht typisch ist: Ihre Oberfläche ist haarlos und glänzt, manchmal ist sie auch gerötet. Leider sind diese Tumoren sehr aggressiv und neigen dazu stark zu streuen. Zeigen Sie Hautveränderungen darum immer so früh wie möglich dem Tierarzt Ihres Vertrauens.

Epuliden

Gutartige Zahnfleischtumoren, sogenannte Epuliden, sind Veränderungen, die ausschließlich im bezahnten Gebiet entstehen. Diese beim Boxer sehr häufig auftretenden Wucherungen sehen oft so aus, als hätten sie einen Stiel, und haben eine glatte Oberfläche, solange sie nicht, beispielsweise durch Knochenfressen oder Stöckekauen, verletzt werden. Das ist ein wichtiges Unterscheidungsmerkmal zu bösartigen Tumoren, deren Oberfläche oftmals zerklüftet und wund ist.

Eine genaue Diagnose lässt sich aber nur durch einen Laborbefund stellen!

Epuliden können nur unter Vollnarkose vom Tierarzt entfernt werden, treten danach aber leider oftmals erneut auf. Nutzen und Risiken einer solchen Operation sollte man deshalb gemeinsam mit seinem Tierarzt individuell abwägen. In jedem Fall ist eine regelmäßige Kontrolle wichtig, damit die, bei Boxern leider auch vorkommenden bösartigen Tumoren rechtzeitig erkannt werden.

Herz

Die meisten Boxer haben ein leistungsfähiges und kräftiges Herz. Leider gibt es bei dieser Rasse aber auch angeborene Herzkrankheiten wie Aortenstenosen und die Arrhythmogene rechtsventrikuläre Kardiomyopathie.

Ein gesunder Boxer kann nicht nur in allen Hundesportarten glänzen, auch das Fell hat einen tollen Glanz!

Aortenstenosen sind Verengungen der Aortenklappen, die das Ausströmen des Blutes aus der linken Hauptkammer des Herzens behindern. Die Symptome sind vom Ausmaß der Verengung abhängig und reichen von schneller Ermüdung und Atemnot bis hin zu Ohnmachtsanfällen. Eine sichere Diagnose ist nur durch eine Herzultraschalluntersuchung möglich, da sowohl das Abhören mit dem Stethoskop als auch ein EKG nicht immer aussagekräftig genug sind. Leichte Stenosen müssen in der Regel nicht behandelt werden, in schweren Fällen lassen sich die Symptome durch spezielle Medikamente verringern. Aussicht auf Heilung besteht leider nicht.

Bei der Arrhythmogenen rechtsventrikulären Kardiomyopathie, auch Boxerkardiomyopathie genannt, handelt es sich um eine Erkrankung des Herzmuskels, die zu einer Vergrößerung des Herzens führt. Diese Erkrankung verursacht Herzrhythmusstörungen, die beim Boxer unter Umständen so schwer sein können, dass sie zum plötzlichen Herztod führen. Die medikamentöse Therapie richtet sich nach den Symptomen und den Befunden der Herzuntersuchung, die mittels Langzeit-EKG und Herzultraschall durchgeführt wird. Besonders tückisch ist diese Erkrankung deshalb, weil die ersten sichtbaren Symptome erst auftreten, wenn der Herzmuskel schon stark geschädigt ist.

Knochen und Gelenke

Spondylose und Hüftgelenkdysplasie (HD) sind die häufigsten Skeletterkrankungen des Boxers. Bei der Spondylose kommt es zu Knochenbildungen an der Wirbelsäule, meist degeneriert auch der Bandscheibenkern, und die Bänder an den kleinen Wirbelgelenken verknöchern. Unter Umständen bleibt der Hund dennoch völlig symptomfrei. Meist stellt man aber eine eingeschränkte Leistungsfähigkeit und Bewegungsunlust fest. In schweren Fällen kommt es zu starken Schmerzen und Lähmungserscheinungen.

Bei der Hüftgelenkdysplasie liegt eine Fehlbildung des Hüftgelenkes vor: Hüftgelenkpfanne und Oberschenkelkopf passen nicht mehr aufeinander. Die Fehlbildungen reichen von geringen Unregelmäßigkeiten an Gelenkkopf und -pfanne bis hin zu völlig deformierten Köpfen und extrem flachen Pfannen. Der Schweregrad der HD lässt sich oftmals nicht anhand der Schmerzempfindung des Hundes feststellen! Sowohl Spondylose als auch HD können nur mithilfe einer Röntgenaufnahme sicher diagnostiziert werden.

Betroffene Hunde müssen nicht nur dem Schweregrad ihrer Erkrankung entsprechend behandelt und geschont werden, sondern man muss auch dafür sorgen, dass sie normalgewichtig bleiben. Übergewicht verstärkt die Problematik bei Knochen- und Gelenkerkrankungen wesentlich.

Kryptorchismus

Kryptorchismus ist eine Lageanomalie des Hodens. Der Hodenabstieg ist gestört, wodurch einer oder manchmal auch beide Hoden nicht im Hodensack liegen, sondern im Bauchraum verbleiben. Wegen des Risikos für die Entstehung von Hodenkrebs und der möglichen Bildung weiblicher Geschlechtshormone raten die meisten

Tierärzte zu einer Entfernung der Hoden. Auch können die betroffenen Rüden im Alter aggressiv werden, was ebenfalls für eine Kastration spricht. Medikamentös lässt sich der Hodenabstieg nicht beeinflussen. Kryptorchismus ist erwiesenermaßen erblich und kommt bei Boxern häufiger vor als bei anderen, gleich großen Rassen.

Betroffene Rüden werden nicht zur Zucht zugelassen, ihre Qualitäten als Partner für den Sport und als Familienhunde mindert das aber keineswegs.

Kastration?

Generell sollte man immer sehr sorgfältig überlegen, ob man seinen Hund kastrieren lässt, denn Kastrationen sind, allein schon wegen der erforderlichen Narkose, grundsätzlich mit einem Risiko verbunden.

Ein häufiges Argument für die Kastration von Hündinnen ist ein geringeres Risiko für die Entwicklung von Gesäugetumoren. Das ist sicher richtig, dem ist jedoch entgegenzusetzen, dass gerade Boxerhündinnen nach einer Kastration nicht selten inkontinent werden, was für den Hundehalter eine große Belastung sein kann.

Bei medizinischer Notwendigkeit ist eine Kastration sowohl bei Rüden als auch bei Hündinnen selbstverständlich immer zu befürworten.

Fakten zur Gesundheit

Nun haben Sie recht viel über Krankheiten gelesen. Davon sollten Sie sich jedoch nicht verunsichern lassen, denn in der organisierten Boxerzucht wird alles getan, um schwerwiegende Erkrankungen möglichst gar nicht erst entstehen zu lassen! Ein Deutscher Boxer, der heute eine Zuchtzulassung bekommen soll, muss von dafür zugelassenen Tierärzten auf Hüftgelenkdysplasie, erbliche Herzerkrankungen und Spondylose untersucht werden. Bereits bei der Wurfabnahme werden männliche Welpen auf Kryptorchismus untersucht. Die Daten der zuchttauglichen Boxer fließen über ein modernes Verfahren, die sogenannte Zuchtwertschätzung, in die Planung der vom Züchter gewünschten Verpaarung mit ein. Besteht die Gefahr, dass eine dieser Erkrankungen vererbt werden könnte, wird die Verpaarung nicht genehmigt. So wird dafür Sorge getragen, dass die Gesundheit der Boxer auf einem hohen Niveau bleibt.

Die Zuchtstatistik des Boxer-Klubs München e. V. belegt, dass die Rasse Boxer guten Gewissens als gesund bezeichnet werden kann. Dazu nachfolgend ein paar Zahlen aus der Statistik des Jahres 2006: 75 Prozent der in diesem Jahr untersuchten Boxer waren spondylosefrei. Ähnlich gut sieht es bei der Hüftgelenkdysplasie aus. 85 Prozent der untersuchten Boxer hatten eine absolut korrekte Hüfte oder zeigten nur minimale Veränderungen. Die herzgesunden Befunde lagen bei 75 Prozent, das heißt, der Großteil der untersuchten Boxer hat ein völlig gesundes Herz. Der Hodenfehlstand (Kryptorchismus) lag sogar nur bei acht Prozent.

Das alles zeigt, dass der Boxer ein gesunder Hund ist. Er sieht nicht nur sportlich und athletisch aus, er ist es auch!

Pflege, Ernährung und Gesundheit

Die meisten Boxer sind topfit und sprühen vor Lebensfreude und Temperament!

Anhang

Adressen

Verband für das Deutsche Hundewesen (VDH) e. V.
Westfalendamm 174
44141 Dortmund
www.vdh.de

Boxer-Klub e. V., Sitz München
Geschäftsstelle Veldener Str. 64 + 66
81241 München
www.bk-muenchen.de

Internationaler Boxer-Club e. V.
An der Meer 36
41372 Niederkrüchten
www.ibc-boxerclub.de

Boxer in Not
Initiative des Boxer-Klubs e. V.
Sitz München Veldener Str. 64 + 66
81241 München
www.boxer-in-not.de

„Boxer Nothilfe Deutschland e. V."
Geschäftsstelle Herforder Str. 203
32120 Hiddenhausen (OT Schweicheln)
www.boxernothilfe.de

Deutscher Hundesportverband e. V.
Gustav-Sybrecht-Str. 42
44536 Lünen
www.dhv-hundesport.de

Zum Weiterlesen

Grosse, Joachim und Holzhausen, Peter
Unser Hund ein Boxer
Verlag Boxer-Klub e. V., 1994

Hofer, Daniela
Mein Hund beim Tierarzt
Cadmos Verlag, 2006

Laser, Birgit
Clickertraining
Cadmos Verlag, 2000

Mielke, Kerstin
Die Anatomie des Hundes
Cadmos Verlag, 2007

Sondermann, Christina
Das große Spielebuch für Hunde
Cadmos Verlag, 2005

Stockmann, Friederun
Ein Leben mit Boxern
Gollwitzer Verlag, 2004

Autorin

Kerstin Mielke lebt mit zwei Boxern und einer Französischen Bulldogge in Perleberg, wo sie auch eine eigene Praxis für Hundephysiotherapie betreibt. Sie engagiert sich als Ausbildungswartin im Deutschen Boxer-Klub (BK München e. V./VDH) und ist Vereinsvorsitzende einer Ortsgruppe. Sie beschäftigt sich insbesondere mit der Gesundheit der Hunde, die sie als Basis für eine erfolgreiche Erziehung und Ausbildung ansieht. Kerstin Mielke ist Autorin des Buches *Die Anatomie des Hundes*, das bereits im Cadmos Verlag erschienen ist.

Die Autorin mit ihren beiden Boxern Kola und Dolf und mit ihrer Französischen Bulldogge Stella.

Register

- Abholung 34, 43
- Abzeichen .... 17, 19 ff, 25
- Agility 14, 52, 53
- Ahnentafel 35, 44, 60
- Alleinbleiben 43, 46
- Alter .... 25, 46, 62, 63, 69 ff, 74
- Aufzucht 36
- Augen 19, 22, 30, 59, 70ff
- Ausgeben 44, 45
- Ausstellungen 11, 14, 22, 59ff
- Auto fahren 46
- Beschäftigung 30, 43, 48, 53
- Boxer-Klub 11ff, 22, 44, 50, 72
- Bullenbeißer 9ff
- Charakter 11, 15, 17, 18, 25
- Diensthund 8, 13, 18, 21, 48ff
- Ernährung 64, 67ff
- Erziehung 33, 38, 44, 61
- Fahrrad fahren 53
- Fährtenarbeit 50, 51, 56
- Familienhund 8, 17, 37, 39, 48, 49, 74
- Fell 11, 22, 58, 59, 65, 71, 72
- Fellfarben 13, 20ff, 24
- Fertigfutter 67ff
- Frischfutter 67ff
- Gebäude 10, 13, 16, 18, 23, 59
- Gebiss 10, 13, 16, 19, 60
- Gebrauchshund 8, 16, 18, 21, 31, 34, 48ff
- Gesundheit 16, 22, 64, 67, 70ff
- Gewicht 17, 19, 69, 73
- Grunderziehung 40, 44
- Haustiere 32
- Haut 66, 71, 72
- Herz 34, 72ff
- Hüftgelenkdysplasie 34, 73, 74
- Hundesport 50, 53, 57, 72
- Hündin 13, 17, 19, 27, 31,
  32, 35, 37, 62, 74

- Kinder 29, 39
- Kopf 8, 10, 11, 13, 16ff,
  21, 22, 55, 59, 71
- Körpergröße 13, 17, 19
- Kryptorchismus 73, 74
- Kupieren 13, 14
- Magen 42, 70
- Maske 10, 17ff, 21ff, 62
- Ohren 13, 19, 65
- Pfoten 11, 22, 41, 59, 65
- Rassestandard 11, 13, 15ff
- Rüde 13, 17, 19, 27, 31,
  32, 35, 60, 62, 74
- Saupacker 9, 10, 44
- Schlafplatz 33, 42, 44
- Schutzdienst 50
- Schwimmen 53, 54, 65
- Selbstsicherheit 26, 39
- Sozialisation 46
- Sozialkontakte 54
- Spielen 39, 44, 50, 55ff, 69
- Spondylose 34, 73, 74
- Stromung 20, 21, 25
- stubenrein 44
- Temperament 8, 11, 14, 17,
  25, 26, 29, 47, 49, 50, 75
- Territorialverhalten 27, 62
- Unterordnung 50
- Vererbung 23, 24, 35
- Vielseitigkeitssport 50, 51
- Vorbiss 13, 16, 60
- Welpen 14, 21ff, 25, 27, 32ff,
  40ff, 50, 68, 69, 71, 74
- Wesen 8, 11ff, 15, 17, 18, 34, 70
- Zahnfleischtumoren 72
- Zucht 9ff, 15ff, 21ff, 31ff, 74
- Zwinger 12, 42, 43, 59

Lesetipps

Steffi Rumpf
Entspannt leben mit Hund
80 Seiten, broschiert
ISBN 978-3-8404-2527-1

 Auch als eBOOK erhältlich!

Rolf C. Franck/Madeleine Franck
Unser Hund, mein Freund
64 Seiten, broschiert
ISBN 978-3-8404-2526-4

 Auch als eBOOK erhältlich!

Nicole Röder
Du gehörst zu mir
128 Seiten, broschiert
ISBN 978-3-8404-2001-6

 Auch als eBOOK erhältlich!

Sonja Meiburg
Anti-Giftköder-Training
96 Seiten, broschiert
ISBN 978-3-8404-2518-9

 Auch als eBOOK erhältlich!

Martina Braun
Der Hund in Deinem Kopf
112 Seiten, gebunden
ISBN 978-3-8404-2013-9

 Auch als eBOOK erhältlich!

 Cadmos Verlag GmbH | Englmannstraße 2 | 81673 München
Tel. +49 (0)89/451 08 51-0 | vertrieb@cadmos.de | www.cadmos.de